DESINFECCIÓN

DESINFECTANTES, DESINFESTANTES, LIMPIEZA

COLECCIÓN **MANUALES**

DESINFECCIÓN

DESINFECTANTES, DESINFESTANTES, LIMPIEZA

Miguel D'Aquino
Roberto Rezk

EDITORIAL UNIVERSITARIA DE BUENOS AIRES

Diseño de Tapa: **Carlos Pérez Villamil**

Primera edición, **EUDEBA** 1995

EUDEBA S.E.M
Fundada por la Universidad de Buenos Aires

Hecho el depósito que marca la ley 11.723
ISBN 950-23-0594-9
IMPRESO EN LA ARGENTINA — PRINTED IN ARGENTINA

PRÓLOGO

La Desinfección es uno de los métodos en la profilaxis de las infecciones y contaminaciones. Por lo tanto el presente libro está destinado a satisfacer las inquietudes que la temática puede despertar en los estudiantes, profesionales y personas que se desempeñan en el campo del saneamiento, ya sea en el hospital, en la industria o en el lugar cotidiano de trabajo.

No pretende ser un tratado sino un manual, donde se vuelcan en forma clara, concisa y concreta, nuestras experiencias y la de otros investigadores en el campo de la desinfección, como así también, manejo, diseño y uso de los desinfectantes. No se ahondará mayormente en los detalles, opiniones, teorías, contradicciones, etc., que se han emitido al respecto.

Esta edición encara las ideas básicas de los aspectos más importantes de la desinfección, como así también de la limpieza. Dichos aspectos son:

a) Científicos: pues permiten conocer las leyes que determinan el proceso de desinfección y tener en cuenta los diferentes factores que permitirán seleccionar o diseñar un buen compuesto desinfectante.

b) Tecnológicos: que permiten estudiar a los desinfectantes desde el punto de vista analítico, con normas o procedimientos que pongan de manifiesto su eficacia.

c) Prácticos: que permiten estudiar las aplicaciones sobre los diferentes elementos que necesitan un proceso de desinfección o sanitización.

Debe resaltarse que el libro se dirige principalmente a la *desinfección* y no a la *antisepsia,* términos que se aclararán en el texto. Tampoco profundiza en los aspectos de la *esterilización química,* por no estar este tema entre los objetivos propuestos.

Cuenta además esta edición con dos apéndices: el primero, señala en orden alfabético la mayor parte de los elementos que se desean *desinfectar,* con las respectivas metodologías alternativas. El segundo, dedicado a la *desinfestación,* enfoca en forma sucinta las características de las principales plagas y forma de controlarlas. El tercero, señala diversas formulaciones utilizadas en la desinfección, existiendo en las Farmacopeas muchas de ellas, lo que permitirá una accesible consulta a las mismas sin tener que acudir a otras bibliografías. Asimismo, se especifican diversos productos comerciales que representan a distintas sustancias utilizadas, tanto en la desinfección como en la desinfestación, hecho que facilitará el acceso a ellas.

En el texto figuran referencias y datos experimentales realizados por nosotros y por diversos investigadores, señalados muchos de ellos en las referencias bibliográficas, que permitieron con sus datos la confección de diversos cuadros y tablas que enriquecen el texto para su mejor comprensión. A ellos dejamos expresados nuestro reconocimiento y nuestra gratitud.

Por último, otro hecho que se tuvo en cuenta, es que aun cuando existen productos nuevos para la desinfección, se brindó preferencial atención al empleo de sustancias clásicas, de efectividad reconocida y muchas de ellas dejadas en el olvido injustificadamente; uno de los motivos es que dichas sustancias son de fácil acceso, aun en sitios lejanos, donde pueden surgir problemas de contaminación; y ello no significa desactualización de la temática, pues por el contrario, su efectividad ha sido chequeada con la de sustancias más actualizadas, habiéndose demostrado una eficacia superior a estas últimas en diversas circunstancias de uso.

MIGUEL D'AQUINO

Quede expresado nuestro agradecimiento a aquellas personas que en una forma u otra, han contribuido, ya sea en tareas técnicas, discusión de algunos aspectos, tipeado de texto, etc. a la concreción de este libro.

CAPÍTULO 1

En este libro trataremos sobre los diversos procedimientos utilizados para la reducción o eliminación de microorganismos causantes de contaminación o infección.

En los albores de la historia se mencionan diversas prácticas utilizadas para esta finalidad; tal el empleo de especias, aceites aromáticos, vinagre, ahumado, secado, salado, etc. La mayoría de los procedimientos eran empíricos, basados en experiencias, tradiciones y supersticiones.

Muchos siglos más tarde, el empleo de esta práctica se hizo más racional. Sobre todo en el siglo XIX, en su etapa epidemiológica, donde surgen los grandes investigadores de la microbiología, entre ellos Pasteur y Koch, que sentaron bases científicas utilizadas por otros para encarar la lucha antimicrobiana; tal como Lefebre en 1846 con el empleo de agua clorinada y Semmelweis en 1849 con el cloruro de cal, que permitió reducir la extensión de fiebre puerperal que provocaba una gran mortandad en pacientes parturientas de esa época.

Más tarde, Lister, a quien se lo considera padre de la limpieza y desinfección, puso en práctica la cirugía antiséptica a través del empleo del fenol (ácido carbólico), para la desinfección de piel (al 2,5 %), gasas e instrumental (al 5 %), así como en la desinfección del ambiente en general; también recomendó el empleo de temperaturas de 150° C durante 2 horas para el tratamiento del material de vidrio.

Posteriormente otros investigadores fueron acoplando diversas sustancias para esta finalidad, tal como permanganato de potasio, cloruro de mercurio, nitrato de plata, yodo, etc. Podemos decir que alrededor de 1890 va reemplazándose la cirugía antiséptica por la cirugía aséptica, donde se pone en práctica el empleo acertado de la limpieza, desinfección y esterilización.

La palabra **desinfectante**, tiene un origen antiguo, muy anterior a la teoría microbiana de las enfermedades, elaborada por Pasteur. Etimológicamente, proviene de Vestak, diosa del fuego sagrado. Entre los gentiles se llamaba infecto o infesto a lo no purificado por el dios del hogar, por el fuego religioso de Vesta: es decir, a lo corrompido por putrefacción. **Desinfectar**, es entonces quitar el estado de corrupción y putrefacción.

DESINFECCIÓN

La desinfección es el proceso mediante el cual se produce la eliminación o destrucción de agentes infecciosos y contaminantes que se encuentran fuera del organismo, por la aplicación directa de medios físicos o químicos.

Los agentes infecciosos son microorganismos capaces de producir infección o enfermedades infecciosas, e incluyen a bacterias, protozoos, hongos, virus y ricketsias.

Los agentes contaminantes son microorganismos que se hallan presentes, principalmente, en elementos inanimados pero también pueden estar en la superficie corporal sin ocasionar infección.

De acuerdo a lo expresado, la **desinfección** es un término y un proceso mucho menos preciso que la **esterilización**. Ésta incluye la eliminación de *todos* los microorganismos contenidos en un objeto o sustancia, convenientemente acondicionados para que conserven su condición de esterilizados.

En la **desinfección,** en cambio, decimos simplemente eliminación o muerte de agentes infecciosos o contaminantes, pero no decimos de **todos** los microorganismos patógenos, y en la práctica se suelen excluir del objetivo de este proceso a las esporas bacterianas, aunque sean patógenas. Tampoco se señala qué porcentaje de microorganismos patógenos deben eliminarse, ya que no son todos. Por lo general, para un buen desinfectante se acepta una mortandad del 99,999%, es decir, una reducción de 5 logaritmos.

Por último, el término *patógeno* se presta también a cierta imprecisión, ya que la diferencia entre microorganismos patógenos y saprófitos no es absoluta y la mayoría de las veces la patogenicidad de un microorganismo depende de factores ajenos a la especie en sí: número presente, vía de penetración, defensa del huésped, etc.

Pero no debemos olvidar que el objetivo de la desinfección se dirige, además, hacia los microorganismos en general que pueden contaminar cualquier objeto; vale decir, que los objetivos principales del proceso son **eliminar el riesgo de infección y hacer a los objetos y elementos seguros de usar y manipular.**

Muchas veces esa seguridad depende del uso que vaya a darse a cada objeto o elemento. Podemos considerar que Esterilización y Desinfección serían distintos grados de un mismo proceso, cuyo objetivo es la eliminación de microorganismos. Que se aplique uno u otro procedimiento depende fundamentalmente de los siguientes factores:

1. Nivel: requerido en cuanto a la decontaminación según el grado de criticidad del elemento a tratar; es decir, del riesgo de infección que presenta el objeto de acuerdo con su uso.

De acuerdo a Spaulding, los elementos a desinfectar pueden clasificarse en **Críticos**, **Semicríticos** y **No críticos**. Asimismo este autor propuso 3 niveles de acción antimicrobiana que son: **Alto**, **Intermedio** y **Bajo**. El primero, destruye a todas las formas de vida microbiana; el segundo no logra destruir a las esporas bacterianas, y el tercero no logra destruir a esporas, a microorganismos de la tuberculosis ni a ciertos hongos y virus. Más adelante daremos ejemplos de las sustancias correspondientes a los diferentes niveles.

Los elementos **Críticos**, son aquellos que se hallan en contacto directo con el organismo humano, sobre todo con tejidos internos y que representan un riesgo elevado de ocasionar una infección. A estos elementos se les exige esterilidad o tratamiento con desinfectantes de alto nivel, tal como formaldehído al 8% o solución de glutaraldehído al 2%, de manera que la acción sea una esterilización química.

Dentro de estos elementos se hallan: instrumental quirúrgico, catéteres cardíacos y urinarios, dispositivos de implantes, ciertas partes de endoscopios, agujas, etc.

Los elementos **Semicríticos** comprenden aquellos elementos que se hallan en contacto con mucosas y con tejidos intactos, por ejemplo: tubo endotraqueal, espéculos, bajalenguas, accesorios de equipos de anestesia, equipos odontológicos, etc. La exigencia en cuanto a la eliminación de microorganismos es menor que en el primer caso; pero si bien no requieren esterilidad pueden llevar a la vía digestiva microorganismos que, en el caso de los adultos sanos, la barrera digestiva será lo suficientemente efectiva como para evitar la infección. Estos materiales deben estar desinfectados. Sin embargo, el mismo tipo de elementos puede ser **crítico** si se trata de niños lactantes, cuyas defensas contra la infección son menores, y en éstas, caso de los alimentos o soluciones electrolíticas que suelen recibir, deben ser estériles o acercarse a la esterilidad. Este criterio se aplicará también a pacientes inmunodeprimidos.

Consideraciones similares podemos hacer respecto a la contaminación ambiental de superficies de quirófanos o áreas estériles de la industria.

Los desinfectantes utilizados en este grupo serán de nivel intermedio tal como alcoholes, soluciones diluidas de iodóforos o alcohol yodado.

Los elementos **No críticos** consisten en aquellos que ofrecen bajo riesgo de transmitir enfermedades infecciosas, tales como máscaras faciales, electrodos para electrocardiogramas, moblajes, superficies que no se hallen en contacto directo con mucosas del organismo, estetóscopos, elementos para higienización del paciente, y eliminación de desechos biológicos, etc. Los mismos pueden tratarse con desinfectantes de bajo nivel, tal como los compuestos de amonio cuaternario.

Con respecto a los niveles de actividad de los diferentes agentes desinfectantes, debemos recordar que muchas veces dependen de la concentración con la cual actúan, no existiendo una línea rígida de separación entre dichos niveles; tal el caso de los halógenos, que en baja concentración (100 a 200 ppm) poseen una excelente actividad pero que no alcanza muchas veces para destruir a todas las formas microbianas, mientras que a elevada concentración pueden llegar a hacerlo. También la actividad dependerá del solvente del agente químico; es así como soluciones hidroalcohólicas o alcohólicas pueden potencializar la acción.

En el cuadro 1 daremos un resumen de la actividad y los ejemplos correspondientes.

2. Factibilidad: En cuanto a poder llevar a cabo la primera, es otro factor importante. En efecto, hay circunstancias que hacen imposible la esterilización. Por ejemplo, instalaciones fijas, aun de ambientes rigurosamente críticos, como ser quirófanos, salas de prematuros, áreas estériles de la industria, son imposibles de esterilizar, porque no pueden ser aislados y sometidos a procesos que aseguren la destrucción o eliminación total de los microorganismos.

Otro ejemplo son los elementos u objetos termosensibles, es decir, los que sufren alteración o daño por la acción del calor, y que por lo tanto deben someterse a la esterilización de otro elemento, como gas (óxido de etileno) o radiación gamma.

La superficie dérmica constituye otro caso, ya que su

esterilización es imposible, pues implicaría su lesión o destrucción.

En todos estos casos debemos practicar la **desinfección,** que resultará una práctica imprescindible y constante en los más diversos medios: hospitalario, industrial, hogar, etc.

Si volvemos a la definición de este proceso, notamos que el mismo se verifica "fuera del organismo"; en efecto, cuando el agente actúa dentro del organismo, debe cumplir con requisitos toxicológicos y de selectividad para actuar sobre determinadas especies microbianas sin dañar las células del organismo, hecho que trataremos más adelante al hablar de toxicidad selectiva.

Otros términos que conviene aclarar son los de **Antiséptico** y **Sanitizante**.

Antiséptico: etimológicamente significa agente que se opone a la *sepsis* o putrefacción, inhibiendo o destruyendo organismos existentes sobre tejidos vivos.

Sanitizante: agente que reduce el número de microorganismos a niveles bajos, de manera que no sean riesgosos para la salud; se utilizan sobre elementos inanimados y están ligados en general a operaciones de limpieza de elementos diversos.

Como puede apreciarse, los términos: **Desinfectante, Esterilizante, Antiséptico y Sanitizante** *no son sinónimos,* pues cada uno de ellos señala a una acción específica. El uso efectivo de estos compuestos constituye un factor importante en el control de infecciones y contaminaciones en diferentes circunstancias.

El sufijo *cida,* indica la muerte de los agentes que se indican, ejemplo: *germi*cida, *microbi*cida, *bacteri*cida, *fungi*cida, *viri*cida, etc.

Cuando la acción antimicrobiana se reduce a la inhibición del crecimiento sin llegar a producirse la muerte del microorganismo, el sufijo utilizado es *"stático"* y así tenemos términos como: *bacterio*stático, *fungi*stático, etc.

El proceso de la desinfección puede lograrse por medios químicos o físicos. En efecto, además de las sustancias

CUADRO 1

NIVEL	COMPUESTOS	ACTIVIDAD SOBRE
Alto	Glutaraldehído 2% Formol 20% Peróxido de Hidrógeno estabilizado. Halógeno (más de 5.000 ppm halógeno disponible)	1. Bacterias vegetativas. 2. M. Tuberculosis. 3. Esporos bacterianos. 4. Hongos. 5. Virus lipídicos. 6. Virus no lipídicos
Intermedio	Alcohol Halógenos (menos de 5.000 ppm halógeno disponible). Derivados Fenólicos 0,5 a 5%.	1. Bacterias vegetativas. 2. M. tuberculosis. 4. Hongos. 5. Virus lipídicos. 6. Virus no lipídicos
Bajo	Amonio Cuaternario 0,5 ‰ Anfóteros al 2% Mercuriales 1 a 2 ‰	1. Bacterias vegetativas. 4. Hongos (variables). 5. Virus lipídicos

químicas, pueden emplearse procedimientos de orden físico o mecánico, como son: desinfección por calor, radiación ultravioleta y los procesos de limpieza. Los métodos químicos de desinfección son los más promocionados y publicitados, al punto de eclipsar a los otros. Las razones de ello son más de orden comercial que científico, pero de ninguna manera deben ser desestimados.

DESINFECCIÓN POR CALOR

Debería ser la primera elección para todas las situaciones donde pueda aplicarse, salvo elementos termosensibles o en presencia de tejidos vivos. El calor es un agente desinfectante simple, barato, eficaz y no deja residuos sobre el material tratado.

La desinfección por calor, recibe el conocido nombre de **Pasteurización**, y se puede realizar mediante agua caliente o vapor de agua. La temperatura mínima aconsejable es de 65° C aplicado durante un mínimo de 15 minutos. Si se utilizan temperaturas mayores (70 - 80 - 90° C) los tiempos pueden reducirse desde muy pocos minutos a segundos.

Mediante la Pasteurización pueden destruirse la mayoría de los agentes infecciosos: bacterias vegetativas, hongos, protozoos, Micobacterium tuberculosis y virus, pero los organismos termodúricos y termófilos, incluyendo a las esporas bacterianas, no son afectados. Con respecto al virus de la hepatitis, cuando se sospecha contaminación de este tipo es preferible emplear las mayores temperaturas y tiempos compatibles con el material.

La Pasteurización por agua caliente es adecuada para desinfectar instrumentos limpios que no requieren ser estériles. Un pasteurizador por agua caliente es fundamentalmente un baño termostatizado que puede disponer de un reloj que señale el fin del proceso.

Para que la Pasteurización sea efectiva son necesarias tres condiciones:

1. Que los objetos estén limpios; la limpieza puede hacerse con agua, detergente y un cepillo adecuado.

2. Que la inmersión sea completa, es decir que el agua cubra totalmente los objetos y que las burbujas sean eliminadas (especialmente en tubuladuras); recién entonces se calentará a la temperatura y tiempo adecuado.

3. Que luego de Pasteurizados, los artículos sean **secados** en gabinetes de aire caliente a temperatura baja. Nunca deben guardarse materiales húmedos, ya que el agua es un elemento favorable a la contaminación y proliferacion microbiana.

La Pasteurización por vapor a temperatura baja (73° C de 10 a 15 minutos) puede ser realizada en autoclaves especiales con baja presión atmosférica; muchas veces este proceso se combina con la aplicación de formaldehído como se verá cuando hablemos de éste.

En muchos casos se combina la Pasteurización con el proceso de limpieza: tal es el caso de la limpieza-desinfección de ropa, donde en el proceso de lavado se incluye un período de calentamiento de 65° C por 10-15 minutos ó 73° C por 3 minutos o más grados (80-90° C) según el agente contaminante presente y la resistencia al calor de las fibras de los tejidos.

Otro caso de desinfección por calor de amplia aplicación en distintos ámbitos es la desinfección de vajilla y utensilios de comedor y cocina, ya sea en procedimientos manuales o empleando máquinas lavavajillas.

En la industria, puede aplicarse a la desinfección de tanques, tuberías, recipientes, bombas, grifos, etc. En hospitales, chatas y orinales.

También es importante el empleo del calor húmedo en la desinfección del equipo de limpieza: trapos de piso, estropajos, trapos rejilla, esponjas, cepillos, baldes, etc, que de otra forma pueden transformarse en elementos de diseminación e infección.

Debe recordarse que la **Pasteurización no es Esterilización** y que el personal neófito puede confundir los conceptos, arriesgando la seguridad y exponiendo a la adquisición de infecciones.

Hemos dicho que la **limpieza** puede considerarse como un método de desinfección, no es descabellado encuadrarla así, pese a la tendencia general de subestimar su verdadero valor.

En efecto, si bien **no mata** microorganismos, **expulsa mecánicamente** una alta proporción de los presentes, incluso esporas bacterianas, y es adecuada, tanto para tejidos vivos como para los tejidos inanimados.

La Oficina Sanitaria Panamericana define la **limpieza** como la expulsión mediante fregado y lavado con agua caliente, jabón o un detergente adecuado o con el empleo de una aspiradora de **Microorganismos y Sustancias Orgánicas**, de superficies en las cuales éstos pueden encontrar condiciones favorables para sobrevivir y multiplicarse. Esta definición despeja cualquier duda acerca de que se trata de un método de desinfección.

La adherencia entre las sustancias orgánicas (suciedad) y las superficies a limpiar, varía desde la simple acumulación de polvo sobre una superficie horizontal, hasta verdaderas incrustaciones de material y partículas en huecos, grietas y hendiduras.

Indudablemente, el polvo resultará fácilmente removible, pero por ello no menos peligroso. Hay que tener en cuenta que el polvo es un elemento de diseminación de infecciones de suma importancia por la cantidad de microorganismos que puede contener, provenientes del suelo, piel, nasofaringe, etc.

Algunos mueren por desecación, pero otros pueden sobrevivir durante largo tiempo (como ser los estafilococos), y estar presentes en grandes cantidades en pisos, muebles, mesadas, ropa, etc.

Si se aplican métodos de limpieza incorrectos, pueden resuspenderse de esas superficies y alcanzar zonas críticas tanto en el ámbito hospitalario como industrial.

De ahí que en las operaciones de limpieza, deben evitarse todas las técnicas que favorecen la **Suspensión y**

Diseminación de Polvo Sedimentado: escobas, plumeros, franelas, etc, ya que crean riesgo de infección. El número de microorganismos aéreos puede duplicarse o triplicarse durante el barrido. No se trata de cambiar el polvo de lugar sino de retirarlo.

Se recordará que el polvo no siempre es visible, pero constantemente se halla en el ambiente que nos rodea.

ELIMINACIÓN DE POLVOS

MÉTODOS DE LIMPIEZA SECA

La primera recomendación es usar un equipo que retenga el polvo, sin diseminarlo. Para ello pueden emplearse aspiradoras industriales; éstas, deben estar correctamente diseñadas y ser bien utilizadas, de lo contrario pueden diseminar en el aire más polvo que una escoba.

El riesgo principal radica en el material filtrante que puede dejar escapar el polvo captado por ser de poros muy abiertos, o por sufrir alguna falla en su ajuste o alguna rotura durante su utilización.

Para evitar estos inconvenientes, deben usarse varias capas de material filtrante, separadas unas de otras, de manera que si falla la primera, el problema sea detectado inmediatamente por la inspección de la segunda capa, que a su vez impedirá la diseminación microbiana al ambiente. Las bolsas filtrantes son generalmente de papel, y pueden sufrir roturas; deben colocarse a su vez, dentro de bolsas de género (dacrón - satén), las que son irrompibles.

Las bolsas de papel deben descartarse diariamente para evitar el sobrellenado, principal causa de rotura y de contaminación de las bolsas exteriores de género.

Tampoco deben vaciarse y volverse a utilizar.

Otro detalle importante es el chorro de salida del aire. Las aspiradoras deben estar diseñadas de modo que mediante deflectores adecuados el aire caliente no cree una fuerte corriente que forme turbulencias capaces de suspender polvo y microorganismos.

Un recurso práctico y útil, es colocar la bomba aspiradora fuera del ambiente crítico, para evitar estos problemas; para ello sólo es necesario utilizar tubos de aspiración suficientemente largos.

Para casos especiales, existen aspiradoras donde el filtro final está constituido por membranas filtrantes de alta eficiencia (filtros HEPA, por ejemplo), donde se trabaja con polvos con propiedades carcinogénicas.

Otro ejemplo de limpieza seca, lo constituye el uso de paños o elementos semejantes impregnados en sustancias oleosas. Estos elementos de algodón o de fibra sintéticas, deben usarse de forma tal que adhieran las partículas de polvo sin suspenderlas, es decir, sin incrementar los recuentos de los microorganismos aéreos.

No deben sobrecargarse de polvo y pelusa; una vez que captaron una cantidad determinada de los mismos, no deben seguir usándose, ya que de esta manera lo que se hace es transferir polvo de un lugar a otro suspendiendo buena parte del mismo al aire.

Deben usarse apretados contra las superficies, no utilizados como escobas ó plumeros, cuidando siempre de no agitarlos.

Un paño doblado en forma adecuada es más eficaz que uno amontonado. Su limpieza debe efectuarse con aspiradoras cada vez que sea necesario y al final del día de trabajo.

ELIMINACIÓN DE POLVOS
MÉTODOS DE LIMPIEZA HÚMEDA

Pueden utilizarse distintos elementos: papel, géneros (descartables o no), esponjas, etc.

Estos elementos deben ser sumergidos en agua limpia y retorcidos hasta que no eliminen agua. El polvo se adhiere sobre el elemento húmedo y la superficie debe quedar ligeramente húmeda —no mojada— de modo que se seque en alrededor de un minuto.

Si las superficies a tratar son muy pulidas, difíciles de mojar, puede adicionarse un poco de detergente, no como agente de limpieza sino como *tensioactivo,* para aumentar el poder humectante que facilitará la captación del polvo.

No se justifica agregar un desinfectante en este caso, porque el tiempo de acción del mismo sería demasiado breve (un minuto) y no podría actuar, de modo que encarecería la operación sin ofrecer a cambio mayores ventajas.

Las normas básicas a cumplir en este caso serían:

— Usar los elementos descartables *una sola vez,* y los no descartables, lavarlos permanentemente, renovando constantemente el agua. No se puede limpiar con **agua sucia.**

— Una vez terminado el trabajo, lavar y desinfectar los elementos utilizados. El método de desinfección de elección es el calor (Pasteurización); colocarlos en agua a 100 °C durante 10 minutos. Si no se procede de esta manera, estos elementos de limpieza se transforman en una permanente fuente de *contaminación* microbiana. Por supuesto, que deben ser termorresistentes.

Hay que tener en cuenta que cuanto más altas estén las superficies a limpiar, mayor es el riesgo de diseminar al aire el polvo y los microorganismos a ella adheridos.

ELIMINACIÓN DE SUCIEDAD
LIMPIEZA HÚMEDA: LAVADO

Para eliminar la suciedad adherida a las superficies, se requiere el **lavado** de las mismas, es decir el fregado o cepillado con agua y detergente, seguido del enjuague y posterior secado.

El lavado requiere tanto o más cuidados que la limpieza seca, porque ésta última sólo puede diseminar los microorganismos existentes, mientras que el primero, por la presencia de agua, permite la supervivencia y además la multiplicación de los microorganismos, algunos de importancia epidemiológica; por ejemplo: Pseudomonas, que a menudo aparecen en aguas estancadas provenientes de lavados defectuosos y constituyen una importante fuente de contaminación.

Los agentes de limpieza para efectuar el **Lavado** , deben ayudar a eliminar la suciedad adherida **sin deteriorar** las superficies.

Lo más recomendable es un detergente aniónico líquido (15% de materia activa) de uso general, adecuado para la mayoría de los pisos, superficies de trabajo, paredes, etc., de los diferentes ambientes de trabajo.

Son productos baratos, aptos para las tareas generales y deben diluirse correctamente. Para ello es conveniente contar con una medida y obtener concentraciones adecuadas (1% aproximadamente en agua) ni excesivas ni insuficientes.

Los **detergentes** actúan por efectos: *humectante* y *emulsionante.* El primero hace que el agua se ponga en contacto con la superficie y la película de suciedad se desprenda mediante el fregado o cepillado. El segundo hace que el detergente rodee la partícula de suciedad (absorción) y la emulsione, manteniéndola suspendida y permitiendo que sea arrastrada por el **enjuague** sin que se redeposite.

En la formulación de los detergentes aniónicos suelen participar: álcalis, secuestrantes de metales, inhibidores de corrosión, etc, con la finalidad de ayudar a la emulsión de sustancias grasas, ablandar aguas duras, evitar el deterioro de superficies metálicas, etc.

Para el caso de limpieza de tejidos, suelen utilizarse detergentes con enzimas como coadyuvantes; estas sustancias se difundieron mucho en la década del '60, principalmente están constituidas por sustancias proteolíticas, lipolíticas y amilolíticas, para poder eliminar cualquier tipo de suciedad (sangre, albúmina, leche, etc).

Una suciedad constituida por albúmina se fija más con un detergente simple a temperatura elevada, requiriéndose por lo tanto de la presencia de enzimas.

Principalmente suelen utilizarse enzimas proteolíticas bacterianas que son más estables a la temperatura (hasta 60° C) comparadas con las de origen animal (hasta 50° C).

Hoy día, estos productos biológicos se incluyen en formulaciones conteniendo agentes dispersantes (carboximetilcelulosa), vigorizantes (tripolifosfatos, bicarbonato de sodio), blanqueadores (perborato de sodio), etc. Son compatibles con todos los tipos de detergentes biodegradables o no, debiendo cuidarse de utilizarlos con tensioactivos aniónicos amoniacales, ya que pueden precipitar por la acción del sulfato de amonio formado; asimismo, son incompatibles con cloro activo.

Un agente de blanqueo oxidante como el diclorocianurato sódico, en concentración de liberar 10 ppm de cloro, inactiva a las enzimas.

Los elementos de limpieza por vía húmeda o lavado: trapos de piso, cepillos, esponjas, estropajos, trapos rejilla, baldes, etc., deben **desinfectarse diariamente**, ya que de lo contrario, como ya se ha dicho, pueden convertirse en una fuente de contaminación importante, sobre todo en la limpieza de hospitales y áreas asépticas.

No basta lavarlos y extenderlos para que se sequen, como suele verse. El método más práctico, económico y efectivo de desinfección, es lavarlos y luego sumergirlos en **agua en ebullición** durante 10 minutos. Luego retirarlos y secarlos.

Una práctica conveniente utilizada con el equipo de limpieza de un área determinada, es la de identificar al mismo con un **color**. Por ejemplo,

áreas críticas (quirófanos), baños, cocinas, etc.

Esto simplifica la distribución del equipo y agrega un elemento más de seguridad en el **control de la contaminación.**

No debe tomarse esta diferenciación como signo de la condición higiénica, pensando que los elementos para uso en baños están contaminados y los de áreas críticas no lo están. Esto dependerá del **tratamiento** que tanto unos como otros deben recibir luego de su uso.

Otros agentes de limpieza de utilidad son los **polvos limpiadores**, aptos para tratar lavatorios, piletas, recipientes, etc. No deben ser excesivamente abrasivos, para que no dañen las superficies haciéndolas luego difíciles de limpiar.

La soda cáustica, resulta útil para la limpieza de desagües, rejillas, etc., ya que además de acción microbicida, saponifica las grasas que pudieran acumularse y constituir fuentes de contaminación microbiana y albergue de insectos.

En algunos establecimientos, se suele agregar desinfectantes al agua con detergente utilizada en los lavados, sobre todo para tratar áreas extensas con el propósito de ahorrar tiempos y costos operativos. De esta manera se consumen muchos litros de desinfectante, sin mayor utilidad práctica, ya que la mayoría de las veces, el desinfectante es **inactivado** por la **suciedad** presente en la superficie donde es aplicado o puede ocurrir que exista incompatibilidad con el detergente, hecho que se deberá demostrar experimentalmente en forma previa.

Como regla general, la **limpieza debe preceder a la desinfección química**, porque la hace más efectiva. Además, esta última acción debe ser realizada sólo cuando sea realmente necesaria.

Hay trabajos que indican que no existen diferencias apreciables entre la limpieza común con agua y detergente y la limpieza seguida de desinfección, en los pisos de áreas de permanente circulación y movimiento de personas.

Si bien la aplicación de un desinfectante, luego de la limpieza, produce una mayor reducción de microorganismos vivos que la simple limpieza, esta reducción no es permanente, dura aproximadamente una hora, luego de la cual el número de microorganismos se incrementa nuevamente.

En consecuencia, parece no resultar útil usar desinfectantes en la limpieza rutinaria de pisos cuando la misma se hace una sola vez por día, ya que el número de microorganismos permanecerá a alto nivel, 23 de las 24 horas del día.

En áreas críticas, en cambio, debe efectuarse rutinariamente la **desinfección** porque, aunque su efecto sea breve, contribuye a reducir el riesgo de la infección.

Distinto es el caso en el que por algún hecho accidental, se contamina alguna superficie con material contaminado. En estas circunstancias es importante desinfectar de inmediato, antes de limpiar, invirtiendo el orden, a fin de preservar al operario y disminuir la contaminación ambiental.

Deben elegirse desinfectantes poco inactivables por la sustancia orgánica y que además sean compatibles con los detergentes usados en el proceso de limpieza posterior.

Pero los mejores resultados se logran, sin duda, con el proceso de dos pasos: primero, la limpieza escrupulosa de la superficie con detergentes aniónicos y agua y segundo, la desinfección con un desinfectante compatible.

El tercer paso es como siempre el lavado y la desinfección por calor del equipo de limpieza.

Respecto a la periodicidad de la limpieza, lo ideal sería limpiar inmediatamente después que aparezca cualquier signo de suciedad, pero esto no siempre resulta factible, por lo que es necesario establecer "**frecuencias preestablecidas**", salvo casos excepcionales.

Las áreas críticas deben ser limpiadas y desinfectadas **más frecuentemente** que las no criticas: varias veces por día, por ejemplo, luego de un acto quirúrgico.

Las superficies horizontales, en general (pisos, mesadas, etc.), requieren limpieza más frecuente porque sufren mayor contaminación que las paredes o techos. Los baños y cocinas requieren limpieza también varias veces por día, seguida de desinfección, por el riesgo de infecciones cruzadas y contaminación de alimentos.

REFERENCIAS BIBLIOGRÁFICAS

GENERAL, DESINFECCIÓN Y LIMPIEZA

BABB, J.R. LILLY H.A., LOWBURY E.J.L.
Cleaning of hospital floors with oiled mops. Jour, Hyg. Cambridge 61:393:1963.

BEAN H.S.
Types an characteristics of disinfectants. J.Appl. Bacteriol. 30:6-16:1967.

CATALANO M., ABELEIRA E., TORRERO M.
Normas para el control de las Infecciones Nosocomiales. Depto. Microbiología. Facultad de Medicina U.B.A. 1992.

CITECA.
Limpieza y Desinfección.
1981.

DAVIS J.G.,
Chemical Sterilization, Progress in Industrial Microbiology. 8:141-208: 1968.

FAVERO M.S.
Chemical Disinfection of medical and surgical materials, in Disinfection, Sterilization and Preservation.
S.S.Block, Ed. Lea & Flebiger 3ª Edic. 1983.

GARDNER J.F., PEEL M.M.
Introduction to sterilization and disinfection.
Churchill Livingtone, 1986.

GILBERT R.J.
Comparison of materials used for cleaning equipment in retail food premises and of two methods for the enumeration of bacteria on cleaned equipment and work surfaces.
Jour. Hyg. Cambridge 68:221:1970.

LOWBURY B.J.L., LILLY H.A.
Desinfection of the hands of surgeons and nurses.
British Medical Journal. pp. 144:145:1960.

MAURES I.M.
Hospital Hygiene
E. Arnold: 1982.

MC CULLOCH E.
Disinfection and Sterilization.
Lea & Febiger Ed. 1936

NEWSON S.W.B.
Microbiology of hospital toilettes
Lancet 2:700:1972.

REDDISH G.F.
Antiseptics, Disinfectants, Fungicides and Sterilization.
2ª Edición 1957.

RUSSELL A.D.
Principle of antimicrobial activity, in Disinfection, Sterilization and Preservation.
S.S. Block, Lea & Febiger. 3ª Edición 1983.

CAPÍTULO 2

DESINFECCIÓN POR AGENTES QUÍMICOS

Se recordará que estos elementos son agentes antimicrobianos, que opuestamente a los agentes quimioterápicos, manifiestan una capacidad tóxica elevada para todo tipo de célula en lugar de actuar selectivamente sobre determinadas especies microbianas.

Creer que dada la naturaleza antimicrobiana de estos compuestos asegura su esterilidad, sería una apreciación errónea, pues muchos de ellos pueden contaminarse con microorganismos resistentes a su acción. Por tal razón su elaboración deberá hacerse en condiciones asépticas.

El comportamiento de los desinfectantes químicos, puede ser afectado por distintos factores, ya que, en general, los promotores de estos productos suelen sobrevalorar las virtudes de los mismos y no advierten al usuario sobre sus **limitaciones** e **inconvenientes**. En manos descuidadas o personas mal informadas, estos agentes químicos pueden paradójicamente, transformarse en **fuentes de infección.**

TOXICIDAD SELECTIVA

Está relacionada a la acción selectiva que ejercen numerosos compuestos químicos en el crecimiento de una población microbiana; así como se ha visto y se emplea en medios de cultivos para seleccionar una población específica de microorganismos, en el uso de agentes antimicrobianos tal como los que estamos tratando, también se emplea ese tipo de acción: algunas sustancias bloquean alguna función de los microorganismos en forma selectiva o los matan a través de un mecanismo de acción cuya explicación no está muy bien dilucidada, pero que en síntesis está asociado a los diferentes factores que influyen sobre el fenómeno.

La diferente composición química de la pared de muchos microorganismos nos permite observar una variación en el accionar de estos agentes, ya que las bacterias Gram positivas y Gram negativas dan una respuesta distinta cuando se encuentran frente a estos compuestos. Asimismo, existen como integrante celular, proteínas que poseen un punto isoeléctrico específico y que obran según el PH que impera en el medio, así como lípidos que atraen moléculas lipofílicas de un antimicrobiano aumentando la concentración efectiva de éste en la célula.

Frente a esos contribuyentes lipofílicos, las moléculas activas hidrofílicas son repelidas. Contrariamente, los microorganismos que presentan en su constitución muy pocos lípidos manifiestan una susceptibilidad mayor a moléculas activas hidrofílicas y no a las lipofílicas.

También existe una composición diferente entre las formas de vida microbiana, en donde podemos, por ejemplo, ver una acción tóxica selectiva sobre hongos, sin afectar bacterias y viceversa, una acción sobre bacterias sin afectar a los hongos; lo mismo ocurre en el caso de virus en donde hay sustancias que obran selectivamente sobre alguno de ello.

La acción tóxico selectiva puede apreciarse de igual forma en el empleo de agentes quimioterápicos, que son sustancias que obran selectivamente sobre el agente causal de una enfermedad respetando al huésped, (aunque no siempre). Estos compuestos se basan en los trabajos de Ehrlich quien buscaba una sustancia que atacara al agente productor de la tripanosomiasis africana respetando al paciente, y que dio origen al desarrollo de una rama importantísima de la terapéutica, esto es, la quimioterapia.

Esta rama utiliza a numerosos compuestos de síntesis orgánica, así como compuestos naturales elaborados por microorganismos, como ser los antibióticos; la particularidad de la mayoría de estos compuestos es que son principalmente microbiostáticos, es decir, que bloquean alguna función del microorganismo causante de un proceso inhibiendo su reproducción.

El principio de acción selectiva se emplea en agricultura, farmacología y diagnóstico microbiológico.

FACTORES QUE INFLUYEN SOBRE LA ACTIVIDAD ANTIMICROBIANA

La acción antimicrobiana de estos agentes no es un fenómeno simple que se lleva a cabo en forma instantánea. Sus protagonistas principales son los microorganismos y el agente antimicrobiano, pero además, entran en juego diversos factores que permiten predecir la forma de manifestarse dicha acción, entre ellos tenemos:

1. TIEMPO DE CONTACTO

Los microorganismos no mueren ni **instantáneamente** ni **simultáneamente**; la cinética del proceso fue estudiada por numerosos autores, destacándose los trabajos de Henle sobre cólera y fiebre tifoidea (1889), Abbott sobre Staphylococcus aureus (1891), Kroning y Paul sobre esporas de anthrax (1897) e Ikeda, que realizó un primer análisis matemático basado en un trabajo de los últimos.

Más tarde, Mandsen y Nyman (1907), trabajando con esporas de anthrax sometidas a la acción del bicloruro de mercurio, establecieron que el proceso de la muerte microbiana por acción de sustancias químicas seguía la dinámica de una reacción química unimolecular; Chick (1908), trabajando con Salmonella paratyphi y Staphylococus aurus, confirmó dicha observación.

Phelps (1911) señala que la velocidad de muerte mediante agentes químicos o físicos sigue una curva de orden logarítmico, donde el número de microorganismos muertos en cada período de tiempo, es un porcentaje constante del número de microorganismos vivos al comienzo de dicho período; del mismo modo que una reacción química monomolecular, en la que una sola sustancia sufre alteración y la velocidad de reacción es proporcional a la concentración de la misma en cada período de tiempo.

La constante de velocidad de muerte queda expresada por la ecuación:

$$K = \frac{1}{t} \log \frac{N_o}{N_t}$$

donde t = tiempo en minutos

N_o = concentración inicial de microorganismos vivos

N_t = concentración de microorganismos vivos luego de transcurrido el tiempo t.

Si graficamos concentración de microorganismos sobrevivientes en función del tiempo, obtendremos la denominada curva de muerte microbiana. Consignando logaritmo de concentración de microorganismos sobrevivientes, se transforma en una recta, lo que indica que en cualquier momento de la misma, la velocidad de reacción es proporcional al número de bacterias sobrevivientes por unidad de volumen.

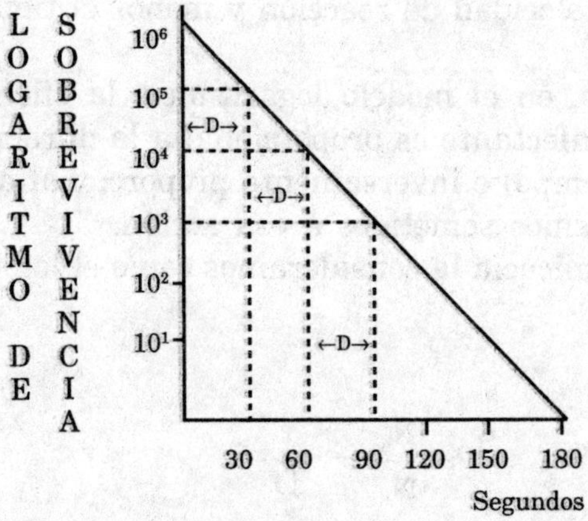

Si suponemos que una población de 10^6 bacterias/ml es sometida a la acción de un antimicrobiano y que la mortandad se realiza en proporción constante, el intervalo que corresponce a la producción de una disminucion del 90% se conoce como **Tiempo de Reducción Decimal (D)**. En el caso del gráfico, dicho intervalo corresponde a 30 seg., es decir que cada 30 seg. la población microbiana se reduce en un logaritmo.

A título de ilustración, de acuerdo a lo dicho, si hipotéticamente consideramos una población microbiana de 10^5 bacterias que queremos destruir mediante un agente antimicrobiano y al cabo de un cierto tiempo la misma queda reducida a 1 bacteria, podemos considerar al elemento que contenía a dicha población desinfectado, (reducción del 99,999%). Si el tiempo en que se produce esta acción es de 1 minuto, de acuerdo a los cálculos, K tendrá un valor correspondiente al logaritmo de la concentración microbiana inicial, en este caso 5.

De manera que cuanto más se disminuya este valor,

menor será la velocidad de reacción y mayor el tiempo de acción.

Por el contrario, cuanto más se aumenta ese valor, mayor será la velocidad de reacción y menor el tiempo de acción.

En síntesis, en el modelo logarítmico, la eficacia de una acción desinfectante es proporcional a la duración del tratamiento (tiempo) e inversamente proporcional al D de los microorganismos sometidos a esa acción.

Si a dicha eficacia la consideramos como el log (N_o/N_t) será entonces:

$$\log \frac{N_o}{N_t} = \frac{t}{D}$$

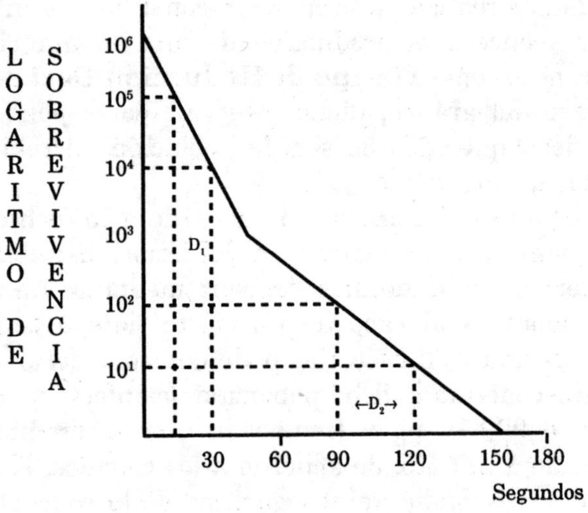

Otro tipo de cinética de inactivación microbiana por un desinfectante no sigue un modelo logarítmico, sino que diseñan una cinética bifásica, tal como lo muestra la figura superior, que podría explicarse debido a una heterogenicidad feno-genotípica de la población microbiana y también por una heterogenicidad de la misma acción antimicrobiana, por una alteración del principio activo.

De lo expuesto, se concluye que:

a) La muerte microbiana no es un proceso **instantáneo**, resulta así indispensable no sólo elegir el agente letal, sino establecer correctamente el tiempo mínimo que debe aplicarse para lograr el efecto deseado.

b) El tiempo necesario para producir la muerte de los microorganismos presentes en el elemento a desinfectar es directamente proporcional al logaritmo de la concentración inicial. En consecuencia, se requiere mayor tiempo para matar concentraciones altas de microorganismos que concentraciones bajas.

Desde el punto de vista práctico deducimos que:

a) Se deberá prolongar el tiempo de contacto lo más posible de acuerdo a las posibilidades del caso.

b) Reducir la carga microbiana inicial de los materiales a desinfectar mediante las operaciones previas de **limpieza,** a fin de asegurar una mayor eficacia.

2. CONCENTRACIÓN

Este factor está relacionado al factor anterior, ya que un cambio en el mismo se traduce por un cambio en la velocidad de reacción. La relación es de tipo exponencial y el valor difiere ampliamente entre las distintas sustancias y expresa cómo incide una dilución sobre la efectividad de un agente antimicrobiano.

También puede variar según el microorganismo de ensayo.

En 1908, Watson, como resultado de los trabajos experimentales de Chick, determina que la relación entre la concentración de un desinfectante y el tiempo requerido para matar a una población microbiana, es una función logarítmica y puede expresarse por:

$$\text{Log } \frac{N_o}{N_t} = K\,C^n\,t \qquad 2)$$

donde: K = velocidad de reacción (constante)
C = concentración del desinfectante
n = exponente de concentración o dilución.

Con una destrucción total de microorganismos el término de la izquierda se transforma en constante, por lo tanto la ecuación queda:

$$K = C^n\,t \qquad 3)$$

De acuerdo a la fórmula 2), la comparación de desinfectantes puede hacerse con propósitos científicos, bajo condiciones estandarizadas, calculándose la verdadera velocidad de reacción de desinfección, K.

Para calcular **n** en forma experimental, es necesario determinar el tiempo de muerte microbiana (t), frente a una misma especie, a dos concentraciones distintas, manteniendo a valor constante los otros parámetros.

De acuerdo a la ecuación 3):

$$n \log C + \log t = \log K$$

Con la concentración 1, será

$$n \log C_1 + \log t = \log K$$

Con la concentración 2, será

$$n \log C_2 + \log t = \log K$$

de donde

$$n \log C_1 + \log t_1 = n \log C_2 + \log t_2$$
$$n \log C_1 - \log C_2 = \log t_2 - \log t_1$$

luego:

$$n \log (C_1 - C_2) = \log \frac{t_2}{t_1}$$

por lo tanto:

$$n \log \frac{C1}{C_2} = \log \frac{t_2}{t_1}$$

o sea:

$$n = \frac{\log \frac{t_2}{t_1}}{\log \frac{C_1}{C_2}}$$

Por ejemplo, si tomamos el caso hipotético de la desinfección de una población de 10^8 bacteriano con un agente químico cuya concentración es de 2‰ (C_1) y de 1‰ (C_2) y el proceso tuvo lugar en los tiempos 1 y 2 minutos respectivamente, tenemos que:

$$n = \frac{\log \frac{2}{1}}{\log \frac{1}{2}} = \frac{0,30}{0,30} = 1$$

Si en cambio, al diluirse el desinfectante a la segunda concentración señalada, el tiempo de desinfección aumenta a 10 minutos, tendremos que:

$$n = \frac{\log \frac{10}{1}}{\log \frac{2}{1}} = \frac{1}{0,30} = 3,3$$

Y en forma similar, tendríamos que si C_2 diera lugar a un tiempo de desinfección de 15, 20 ó 60 minutos, el coeficiente **n**, por lo tanto, será de 3,9, 4,3 y 5,9.

Es importante tener en cuenta el significado del valor **n**, ya que nos da información sobre la efectividad del desinfectante cuando experimenta una dilución. En nuestro ejemplo, la concentración se diluyó al medio, el tiempo de desinfección variará de acuerdo al valor **n**, según C^n.

En el caso de que $n = 1$; $C^n = 2^1 = 2$, es decir, el tiempo aumentará al doble.

para $n = 3,3$
$C^n = 2^{3,3} = 10$, el tiempo aumenta 10 veces

para $n = 3,9$
$C^n = 2^{3,9} = 15$, el tiempo aumenta 15 veces

para n = 4,3
$C^n = 2^{4,3} = 20$, el tiempo aumenta 20 veces

para n = 5.9
$C^n = 2^{5,9} = 58$, el tiempo aumenta 58 veces

Por el contrario, si la concentración se aumenta al doble, el tiempo de reacción disminuirá ese mismo número de veces.

Puede apreciarse que las sustancias químicas con un n elevado, van perdiendo eficacia al diluirse.

Algunos valores de n, estimados para diversas sustancias son:

8,3	p-Cl-m-cresol.
1	formaldehído.
1	Cloruro mercúrico.
2	Hidróxido de Sodio.
4	Etanol (sobre todo para diluciones inferiores al 70 %).
6	Fenol
1	Plata (como Nitrato)

3. TEMPERATURA

La temperatura influye en la desinfección química aumentando la velocidad de muerte por cada grado de incremento de la misma, presumiblemente debido a un aumento entre la velocidad de las reacciones entre el desinfectante y ciertos componentes celulares sobre los que el agente actúa.

Para expresar cuantitativamente esta influencia, se determina el **Coeficiente Térmico** para 10° C de temperatura (Q_{10}), que es la relación entre las constantes de velocidad de muerte de un mismo desinfectante a dos temperaturas que difieren entre sí 10° C:

$$Q_{10} = \frac{K_2}{K_1}$$

Siendo K_2 la constante de velocidad de muerte a una temperatura de 10 °C por encima de la temperatura correspondiente a la constante K_1.

Este valor indica cómo aumenta o disminuye la velocidad de desinfección al ascender o descender respectivamente 10 °C la temperatura a la cual el agente desinfectante está actuando.

Experimentalmente, puede determinarse el tiempo de acción de una misma concentración de desinfectante a dos temperaturas diferentes con una variación de 10 °C. Por ejemplo, en el caso hipotético de la desinfección de 10^8 bacterias que hemos visto, si el proceso se llevó a cabo a 20°C y 30°C en un tiempo de 25 y 10 minutos respectivamente, será suficiente establecer la relación:

$$Q_{10} = \frac{T_{20}}{T_{30}} = \frac{25}{10} = 2,5$$

lo que significa que la velocidad de desinfección se incrementó 2,5 veces por cada 10°C de incremento de temperatura.

Para conocer ese mismo incremento de velocidad por cada grado de temperatura, es suficiente dividir el logaritmo del coeficiente por el número de grados que representa (10°C) y su resultante dará el logaritmo del coeficiente de temperatura por cada grado.

Para el ejemplo dado: 10° 2.5 = 0,39 que dividido 10 es 0,039, por lo tanto, por tabla de logaritmo equivaldrá a 1,09. Es decir, que por cada grado de incremento la velocidad de reacción aumenta 1,09 veces.

En el caso de utilizarse las constantes de velocidad de reacción K a dos temperaturas distintas, podemos utilizar la experiencia obtenida por nosotros con esencia de clavo al 0,4% sobre S. aureus ATCC6538, a temperatura de 27°C y 37°C, donde se obtuvieron los siguientes resultados:

$$K_{27°C} = 1,47; K_{37\ °C} = 1,84$$

$$\frac{K_2}{K_1} = Q^{\ T2\text{-}T1} = \frac{1,84}{1,47} = 1,30$$

es decir, que por cada 10°C la velocidad de reacción incrementó 1,30 veces mientras que por cada grado, aumenta 1,09 veces.

Distintos autores han determinado el coeficiente térmico Q_{10} para algunos desinfectantes, frente a determinados microorganismos. Por ejemplo:

Compuestos Fenólicos :	7
Bicloruro de Mercurio:	3
Cloraminas:	4,5
Oxidio de Etileno:	2,7

Los coeficientes con valores altos, están relacionados a reacciones que involucran desnaturalización de proteínas y reacciones de oxidación, mientras que los coeficientes bajos se asocian a reacciones de reducción.

Poseen, además, un cierto significado en la estimación de un desinfectante, ya que señala las condiciones bajo las cuales el preparado puede emplearse más satisfactoriamente.

Algunos compuestos aumentan su actividad con la temperatura, pero otros, en especial los agentes reductores no son afectados o pueden tener una actividad más baja.

Los diferentes estudios realizados al respecto señalan que:

a) El coeficiente de temperatura varía con la naturaleza del desinfectante y la especie de microorganismo.

b) El coeficiente de temperatura puede variar con la presencia de sustancias extrañas y con los cambio de PH.

El conocimiento de este valor tiene importancia práctica cuando es necesario aplicar desinfectantes a bajas temperaturas o cuando se combina la acción de desinfectantes químicos con el calor para acelerar el proceso, lo cual siempre resulta de utilidad. Además nos advierte de la necesidad de controlar estrictamente la temperatura en los ensayos de laboratorio destinados a valorar el poder desinfectante.

Algunos autores han propuesto que los agentes antimicrobianos deberían compararse en base a su constante de velocidad, coeficiente de concentración y coeficiente de temperatura; al respecto hay discrepancias de opiniones ya que algunos señalan que el valor K debería hacerse en la porción media de la curva de muerte, pero esto en la práctica no se puede hacer muchas veces, pues ya hemos visto que existen curvas bifásicas donde existiría más de una constante de velocidad. Por ello, K puede calcularse en base a la mortandad del 50%; del 99% o cuando se completa el proceso desinfectante (muerte de 99,999%), dado que la velocidad de reacción varía a medida que avanza la misma. Ulteriores estudios aclararán más el problema.

4. REACCIÓN DEL MEDIO (PH)

Los microorganismos, para vivir y multiplicarse requieren una reacción adecuada que en la mayoría de los casos está alrededor de la neutralidad.

Tanto la acidez, como la alcanilidad les resultan perjudiciales.

Dejando de lado esta capacidad de tolerancia de los microorganismos, puede decirse que la actividad de un agente antimicrobiano puede influenciarse por los cambios de PH.

Diversos autores han demostrado que la acción desinfectante de ácidos y bases fuertes, era proporcional a su grado de disociación electrolítica.

En efecto, pueden obtenerse efectos desinfectantes equivalentes con soluciones de igual pH, cuando los aniones, cationes o moléculas no disociadas carecen de acción antimicrobiana propia.

Para muchos ácidos débiles la actividad antimicrobiana es atribuible a la molécula no disociada, por ejemplo, en los ácidos débiles utilizados como conservadores. Sabemos que el equilibrio existente entre molécula no disociada y el anión (menos activo), es función del pH, teniéndose en cuenta la constante de disociación (K_a) del ácido y el log. negativo de ésta (pK_a) que equivale al pH en el cual el 50% está disociado.

En el cuadro siguiente, se representan algunos ácidos débiles con su constante de disociación y pK_a correspondiente:

Ácidos	**K_a**	**pK_a (pH del 50% disociado)**
Sulfuroso	$1{,}70 \times 10^{-2}$	1,77
Salicílico	$1{,}20 \times 10^{-3}$	2,97
Benzoico	$6{,}30 \times 10^{-5}$	4,20
o-HO-benzoico	$3{,}00 \times 10^{-5}$	4,52
Sórbico	$1{,}73 \times 10^{-5}$	4,76
Dehidroacético	$5{,}30 \times 10^{-6}$	5,27

Cuando el pH donde actúa el ácido débil es inferior al pK_a, tendrá poco efecto, pero a medida que el pH asciende sobre ese valor, requerirá de mayores concentraciones de ácido débil para una respuesta adecuada.

Este principio, sobre todo, se utiliza en el empleo de conservadores.

Los microorganismos son en general, más resistentes

a los diferentes agentes desinfectantes cuando se encuentran en un medio con su pH óptimo de desarrollo.

Pero el pH influye, además, sobre los desinfectantes químicos, determinando el grado de disociación de sus moléculas activas y este hecho puede estar estrechamente ligado al poder antimicrobiano.

Hay desinfectantes insolubles en agua, para solubilizarlos se los alcaliniza hasta conseguir la formación de la sal sódica soluble. Esta forma muchas veces disminuye la actividad antimicrobiana significativamente, por ejemplo, los derivados fenólicos.

Cada grupo de desinfectantes tiene su pH óptimo de acción. Los derivados de amonio cuaternario, por ejemplo, actúan mejor a pH neutro o ligeramente alcalino, el cloro por el contrario, es más activo a pH ácido, bajo la forma de ácido hipocloroso no disociado.

El glutaraldehído debe alcalinizarse antes de usar para activar su efecto (a pH 8), pues se comercializa a pH ácido para asegurar su estabilidad química y la formación de polímeros reversibles por calentamiento suave.

Como estos, existen otros muchos ejemplos.

5. INFLUENCIA DE SUSTANCIAS PRESENTES

Principalmente son las **sustancias orgánicas** existentes en el medio donde se va a realizar la desinfección, las que influyen negativamente en el proceso.

La desinfección química se verifica en general mediante algún tipo de combinación con los componentes celulares.

La presencia de materia orgánica puede alterar dichas combinaciones disminuyendo la concentración efectiva con la consecuente pérdida parcial o total de eficacia.

Los mecanismos mediante los cuales la materia orgánica puede influir en la desinfección química son:

a) Adsorción superficial del desinfectante por coloides o partículas adsorbentes, tal como ocurre con los antimicrobianos tensioactivos, donde muchas veces se bloquea totalmente su acción.

b) Protección de los microorganismos, impidiendo el necesario contacto. Por ejemplo, coloides grasos y proteínas pueden formar cubiertas protectoras de los microorganismos.

c) Formación de compuestos inertes o menos activos por reacciones de precipitación, reducción, descomposición, etc.

Resumiendo, para que el desinfectante actúe, debe ponerse en contacto con la bacteria y ser absorbido por ella. La suciedad, grasas, proteínas, materia orgánica en general, constituyen **barreras** que impiden ese contacto protegiendo a los microorganismos de la acción del desinfectante.

En el caso de agentes desinfectantes que coagulan las sustancias orgánicas, pueden formar compuestos inactivos que cubren al microorganismo protegiéndolo.

La acción negativa de la sustancia proteica puede apreciarse en la siguiente experiencia, realizada con solución de albúmina de huevo y presencia de halógenos, determinándose el % de reducción del principio activo:

Halógeno ppm	% de albumina	% de Reducción
Cloro: 15	0,025	90
15	0,0125	70
3	0,0125	90
3	0,00625	75
Iodo (de sol. I-povid. 10%)*		
83,8	0,23	93,5
175,8	0,23	52,2

Aparentemente se observa una mayor susceptibilidad del cloro a la presencia de sustancia orgánica.

Este decaimiento de actividad es importante sobre todo cuando se seleccionan desinfectantes de uso hospitalario, donde abunda la presencia de sustancia orgánica (sangre, suero, exudados, etc.) (ver valoración de desinfectantes).

De todo ello, surge que los compuestos desinfectantes poseen una tolerancia diferente, según el porcentaje de materia orgánica presente.

Así por ejemplo, en la destrucción de E. coli, las diferentes concentraciones de compuestos pueden tolerar un porcentaje determinado de sustancia orgánica, que de acuerdo con una experiencia realizada en nuestro laboratorio son:

% Sustancia orgánica	
5% Cl. Benzalconio 1/1000 Cloramina F 125 ppm Formol 5-10% Sol. Hipoclor. 500 ppm Sol. I-povid. dil. 10%	10% Cloramina F 300 ppm Clorhexidina 0,5% Glutaraldehído 1% Sol. Hipoclor. 1000 ppm Sol. I-povid. dil. 20% Sol. peracético 1%
15% Glutaraldehído 1,5% Sol. Hipoclor. 1500 ppm Sol. I-povid. dil. 50%	20% Fluido-fenol 5% Formol 20% Sol. Hipoclor. 6000 ppm Sol. jabonosa de p-cl-m-xilenol 5%
25% Tolerancia negativa con todos los compuestos	

*Ver tabla 3 en capítulo de Iodo.

El tiempo de destrucción de E. coli en la experiencia fue de 5 y 15 minutos.

Otras sustancias sólidas que pueden modificar la actividad de una solución desinfectante en contacto con ésta son: talco, caolín o fibras de celulosa, que absorben a los compuestos de amonio cuaternario.

> Sustancias antimicrobianas empleadas como conservadores, tal como fenilmercurio, ácido benzoico, o-cl-benzoico y metilparabeno, disminuyen su actividad con la presencia de polvos utilizados en los diversos preparados; luego que el equilibrio de absorción se establece la preservación dependerá de la concentración efectiva del conservador en el medio acuoso.

También las sales pueden interferir sobre la acción desinfectante, en presencia de un 10% de ClN habrá un aumento de la velocidad de desinfección del fenol, que se atribuye al incremento de su actividad termodinámica.

Asimismo, la adición de concentraciones más bajas de sales eleva la actividad antimicrobiana de ácidos orgánicos, que se traduce por un incremento de la unión del germicida a la bacteria.

Las sales existentes en las aguas duras, disminuyen el efecto antimicrobiano de los derivados de amonio cuaternario y de otros compuestos; hay sales que pueden dar quelatos con iones metálicos.

Solventes como el alcohol, formando parte de la formulación de desinfectantes, aumenta el efecto antimicrobiano de los mismos en prácticamente todos los casos.

6. ESPECTRO ANTIMICROBIANO

Los distintos grupos de agentes desinfectantes pueden presentar marcadas diferencias respecto al tipo de microorganismo sobre los cuales resultan activos: bacterias Gram positivas, Gram negativas, Mycobacterias, hongos, Virus, Esporos, etc.

Algunos son muy específicos, mientras otros tienen un amplio espectro antimicrobiano.

Dentro de una misma especie, las células jóvenes y en plena actividad metabólica, son más sensibles a los desinfectantes que las células viejas o en estado de reposo.

La explicación a este hecho sería que los principales puntos de acción de los desinfectantes: sistemas enzimáticos, membranas y material nuclear de las células, se hallan en el máximo de actividad en las células jóvenes y por lo tanto resultan más afectadas por los tóxicos.

La diferencia en la composición química de la pared de las bacterias, permite una variación en el efecto de los desinfectantes sobre bacterias Gram positivas y Gram negativas. Asimismo, existen proteínas que poseen un punto isoeléctrico específico y que determinan el efecto microbicida en función del pH del medio.

Otro caso es la presencia de lípidos que atraen moléculas lipofílicas activas del agente antimicrobiano aumentando la concentración efectiva de éste en la célula y que por el contrario repelen las moléculas activas hidrofílicas.

Explicaciones similares podrían aplicarse a sustancias que obran específicamente sobre hongos y no sobre bacterias y a la inversa. Lo mismo ocurre sobre los virus.

En general, podemos decir que la mayoría de los desinfectantes en uso, actúan con eficacia frente a formas vegetativas de bacterias. Sin embargo, las bacterias Gram negativas, ofrecen mayores dificultades que las Gram positivas, sobre todo para algunos grupos de desinfectantes.

El Micobacterium tuberculosis y otros ácido alcohol resistentes son microorganismos que también ofrecen resistencia a muchos desinfectantes, en virtud de sustancias lipofílicas que repelen a las sustancias hidrofílicas.

Las formas que indudablemente ofrecen mayor resistencia a la acción de los desinfectantes químicos son los esporos bacterianos, solamente afectados por algunos de ellos luego de prolongados períodos de exposición.

7. ESTABILIDAD DEL DESINFECTANTE

Los preparados desinfectantes son estables en sus formulaciones originales, sin diluir, por lo menos así debería ser. No obstante, algunos preparados como las soluciones de hipoclorito de sodio, no son tan estables como sería de desear y requieren valoraciones periódicas.

Luego de la dilución, los desinfectantes sufren alteraciones gradualmente. Debido a ello es que se recomienda utilizar siempre diluciones recientemente preparadas (de acuerdo a normas de buenas prácticas de GMP).

En la práctica, esto no siempre se cumple, debido a que resulta más fácil preparar grandes cantidades del desinfectante, diluyéndolo a la concentración recomendada de uso a fin de tener una reserva suficiente para abastecer por un tiempo diferentes áreas de trabajo.

Una vez preparada esta solución, puede esperar días o semanas antes de ser aplicada, dando lugar a la posibilidad de su deterioro y pérdida de efectividad.

El peligro es doble: por una parte, la simple falla del proceso de la desinfección, por la otra el riesgo de infección, aumentado porque las bacterias que sobreviven en una solución desinfectante deteriorada, pueden desarrollarse en ella, alcanzando resistencia a la misma.

El envejecimiento de una dilución de desinfectantes está relacionado con el crecimiento de organismos resistentes, tal como P. aeruginosa que además de contaminar a la misma, disminuye la concentración efectiva del principio activo.

Diversos autores han trabajado al respecto con diferentes diluciones de desinfectantes hospitalarios, observando el comportamiento de P. aeruginosa en los mismos.

Tal por ejemplo lo que sucede con compuestos halogenados (fig. 000).

DESARROLLO DE P. AERUGINOSA

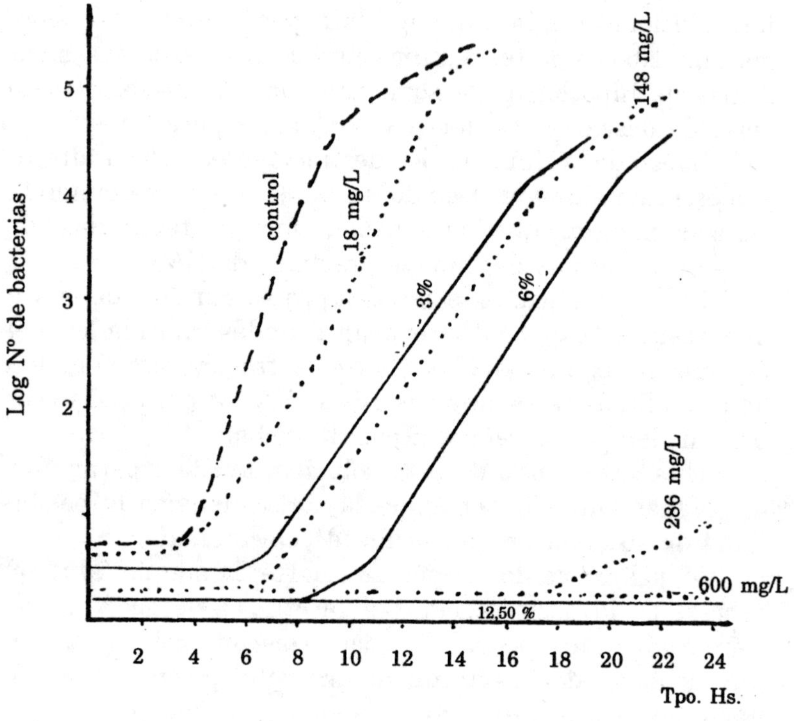

————————	Sol. I-povidona, expresada en % de la solución
....	Sol. de Hipoclorito de sodio, expresada en mg/L de cloro disponible.
------------------	Desarrollo control

Puede apreciarse cómo este microorganismo resistente, en el caso de solución diluida de povidona (solución al 6% de la solución I-povidona 10%) equivalente a unos 625 mg/L de iodo total, puede iniciar su multiplicación en la misma, entre la 9a. y 10a hora, no así en concentraciones mayores.

Lo mismo ocurre en una solución diluida de cloro, donde con 286 mg/L de cloro disponible, hacia la 18a. hora, da lugar a un comienzo de multiplicación no realizándose la misma a mayor concentración.

La experiencia constituye un buen ejemplo para demostrar la factibilidad de que una solución débil de desinfectante se contamine.

Por lo tanto, excepto unas pocas situaciones especiales, debe haber una rigurosa regla: **desechar las soluciones desinfectantes al final del día** (sobre todo en hospitales).

8. RESISTENCIA MICROBIANA

Resistencia, es un término relativo; por lo general se dice que un organismo es resistente cuando no se destruye con un desinfectante en su concentración de uso, la cual puede destruir, en cambio, a otros microorganismos de la misma especie o no que aquel.

El nivel de resistencia no es fijo ni invariable y dependerá de las condiciones bajo las cuales se desarrolló la bacteria.

En ensayos de laboratorio, es posible, mediante cambios en el medio de desarrollo, obtener cepas más resistentes o menos resistentes a un desinfectante particular. la forma más simple de aumentar la resistencia microbiana hacia un desinfectante es agregar una pequeña cantidad del mismo en el medio de cultivo.

Muchas bacterias no desarrollarán, pero las sobrevivientes habrán adquirido una resistencia que podrá mantenerse o incrementarse mientras las bacterias permanezcan en contacto con el desinfectante.

Este aumento de resistencia, se pierde por subcultivos en medios libres de desinfectante, es decir, que sería de tipo temporal.

Es así, que se han informado casos de resistencia a glutaraldehído, pero que podría ser debido a diferentes factores, como ser: tiempo inadecuado de exposición, tolerancia natural del microorganismo, etc.; algunos esporos de bacterias se han recuperado de la acción desinfectante por la presencia de sustancia orgánica e inorgánica, o cambios de pH que pueden conducir a fenómenos de absorción o inactivación.

Otro ejemplo, lo brinda la acción de los mercuriales, tanto orgánicos como inorgánicos, donde el desarrollo y transmisión de resistencia microbiana puede deberse a mutilaciones biológicas de los mercuriales (formación de metilmercurio), cambios de permeabilidad celular, detoxificación por enzimas, complejamiento intracelular o eliminación de compuestos inactivadores.

La resistencia mercurial parece ser inducida, se han descripto especies capaces de tolerar de 5 a 100 veces más de antimicrobiano, logrado por repetidos subcultivos, no se conoce localización cromosómica de resistencia en la bacteria.

Se recordará que la resistencia a un antimicrobiano es debido a un intercambio de información genética que puede ser cromosómico, plasmídico o por transposones. Los plasmidos son elementos extracromosómicos, compuestos de una doble banda de ADN, que se replica independientemente dentro de la célula huésped, pueden llevar uno o más genes que informan resistencia. La resistencia a antibióticos, por lo general, se lleva a cabo mediante estos mecanismos (cromosómico y plasmídico).

Los transposones, son secuencias de ADN no autoreplicables, capaces de transferirse a otra molécula de ADN por una zona no necesariamente homóloga. Pueden movilizarse desde los plásmidos a otros plásmidos, o desde plásmidos a cromosomas, dando el correspondiente mutante.

La resistencia a desinfectantes mercuriales y de otro

tipo de metales, como ser: plata, cobre, etc, puede ser atribuida también a éste mecanismo o a intercambio de plásmidos.

9. INCOMPATIBILIDADES E INACTIVACIÓN

Sobre este punto ya se ha hablado al tratarse la influencia de sustancias extrañas y se volverá a hablar más adelante, cuando se trate sobre los procedimientos de neutralización o inactivación de los desinfectantes.

No obstante, siempre se deberá tener en cuenta este aspecto, ya sea en la práctica de la desinfección o en el empleo de agentes desinfectantes como conservadores.

Entre los ejemplos de incompatibilidades, además de lo ya visto tenemos, a las gomas y plásticos (nylon, polietileno, P.V.C., polipropileno, etc.) inactivan principalmente a los desinfectantes fenólicos; los desinfectantes pueden inactivarse por el material de los recipientes que los contienen. Los compuestos de amonio cuaternario son incompatibles con muchas sustancias entre las que se encuentran: Nitratos, Ioduros de potasio, Halógenos, Saponinas, Tripolifosfatos, Permanganatos y Cromatos, etc.

De acuerdo a todo lo expresado, una desinfección efectiva deberá tener en cuenta todos los factores vistos.

Las Buenas Prácticas de Manufactura (GMP) enfatizan la importancia de los procesos de limpieza y desinfección de las zonas limpias de la industria farmacéutica y alimentaria. Manifiestan que deben limpiarse **frecuentemente**, según un programa escrito y aprobado por el Departamento de Control de Calidad.

Además indican que si se utilizan desinfectantes, se emplearán más de un tipo y que deben realizarse controles periódicos de detección de desarrollo de cepas resistentes.

También señalan que desinfectantes y detergentes deben estudiarse desde el punto de vista de su contaminación microbiana, y que las diluciones deberán mantenerse en recipientes previamente limpios y no ser conservadas durante largos períodos de tiempo si no se esterilizan.

Además, los envases parcialmente vacíos no deben volver a rellenarse.

La explicación de tales recomendaciones surge del análisis de los diferentes factores que influyen en el proceso de la desinfección.

Muy frecuentemente, el descubrimiento de la contaminación a través de un desinfectante, es seguido de la decisión de cambiar de producto y así lo recomiendan las normas de GMP. Se recordará que muchas veces la falla no está en el producto sino en los métodos de uso.

Las siguientes recomendaciones deben ser tenidas muy en cuenta por el personal, para evitar estos inconvenientes:

a) Medir correctamente la cantidad de desinfectante y la cantidad de agua para efectuar la dilución de uso.

b) No volver a llenar con nuevo desinfectante, un envase que ya lo contuvo: primero lávelo y desinféctelo por calor (pasteurización).

c) No utilizar el desinfectante preparado el día anterior; preparar una dilución fresca cada día y desechar el sobrante al finalizar la jornada de trabajo.

d) No usar dos desinfectantes juntos, salvo que uno de ello sea alcohol.

e) No mezclar desinfectantes con detergentes.

f) No desinfectar sobre la suciedad. Lavar antes de desinfectar, la desinfección no reemplaza a la limpieza ni es efectiva.

g) Tener en cuenta las incompatibilidades entre el desinfectante y las superficies con las que se contacta: envase, superficies, materiales, etc.

h) Aplicar el desinfectante tratando de alcanzar las condiciones óptimas de efectividad (temperatura, pH, tiempo de contacto, etc.)

i) Controlar los resultados obtenidos mediante las técnicas microbiológicas adecuadas.

Tener en cuenta que el desinfectante ideal **no existe,** la elección del mismo debe basarse en consideraciones de **efectividad, simplicidad específica para los microorganismos y costo.**

La efectividad debe estimarse estudiando el grupo químico al cual pertenece el producto, sus ventajas y desventajas.

La simplicidad aconseja utilizar no más de un producto de cada grupo químico elegido; utilizar muchos productos, complica el trabajo y crea confusiones respecto a concentraciones y condiciones de uso.

La especificidad para los microorganismos e inactividad para otros microorganismos superiores y elementos, es decir, que no sea tóxico para el organismo humano o animal, como así tampoco corrosivo para los elementos en contacto con él.

Por último, el verdadero costo de un desinfectante, deberá calcularse en base al precio del producto y a la concentración de uso recomendado, que obviamente tendrá que ser conveniente.

DISEÑO DE DESINFECTANTES

En las formulaciones de un desinfectante, se deberá tener en cuenta no solamente el estudio de efectividad realizado con el principio activo, sino también la influencia que pueden tener cada uno de los constituyentes de una fórmula: sinergia y antagonismo.

Se estudiarán las condiciones que participan de acuerdo con lo ya tratado en el libro, teniendo principalmente en cuenta, el comportamiento frente a sustancias extrañas, sobre todo orgánicas.

En los estudios de eficiencia se dará preferencia a los ensayos que determinen capacidad frente a nuevas reinoculaciones de microorganismos; estabilidad, es decir, prueba de eficiencia en días posteriores a la preparación de la solución de uso, y comportamiento frente a situaciones de suciedad. Estas características darán una idea más precisa para las formulaciones destinadas a hospitales, que es donde se plantean los diferentes problemas que conspiran contra la acción de un buen desinfectante.

CRITERIO DE SELECCIÓN DE UN DESINFECTANTE

Aun cuando en el apéndice I, se consignan ejemplos sobre la desinfección de diferentes elementos, lo expresado en párrafos anteriores y sobre todo observando las pautas de las Buenas Prácticas (GMP), nos permite resumir, que en la selección de un desinfectante se tendrán en cuenta los siguientes aspectos, basados en: **Qué, Cuándo y Cómo** Desinfectar:

A) QUÉ SE DEBE DESINFECTAR?

El criterio en estos casos, dependerá de los elementos sometidos a la acción de los agentes químicos desinfectantes, es decir, a sus características físicas y deterioro que puedan experimentar con dichos agentes. Se seleccionará un agente que sea específicamente activo sobre los microorganismos, pero que no afecte el entorno o elemento donde se encuentren.

Por ejemplo: los elementos metálicos no deben desinfectarse con agentes oxidantes, a menos que contengan un anticorrosivo.

De igual forma, se deberá evitar el empleo de clorhexidina con elementos plásticos de baja densidad, ya que se absorbe mucho en estos materiales.

También se observó la influencia negativa de la sustancia orgánica, por lo tanto, la desinfección de residuos biológicos determinará la selección de un compuesto que resista al máximo la misma, por lo que se deberá evitar el empleo de concentraciones bajas de compuestos halogenados, prefiriéndose, en cambio, a compuestos fenolados.

B) ¿CUÁNDO SE EMPLEARÁ EL DESINFECTANTE?

Significa conocer si la desinfección se realizará:

En forma preventiva? es decir, evitar que una infección o contaminación tenga lugar.

En forma concurrente? es decir, durante la enfermedad de una persona, sobre objetos, muebles, etc.

En forma terminal? es decir, desinfectar una habitación o sala, luego de una enfermedad infecciosa, o desinfectar una sala luego de un procesado fabril o desinfectar un medio de transporte.

También es necesario conocer qué es lo que se quiere destruir:

A todos los microorganismos?

A los patógenos?

A esporas bacterianas?

A mohos?

A virus?

Por ejemplo, si se trata de desinfectar un efluente cloacal antes de su volcado y se teme la presencia del vibrión colérico, es suficiente añadir un agente que destruya solamente a este microorganismo y no a todos los otros restantes que serían necesarios para la depuración del efluente.

En este caso, añadiendo un agente que acidifique el efluente a un pH aproximado de 2, por lo menos durante 60 minutos, bastará para destruir al Vibrio Cholerae y dejará indemne a la mayoría de los otros microorganismos.

Si en la desinfección de utensilios de cocina, ropa, etc., queremos reducir una población microbiana a niveles no peligrosos, es preferible añadir un agente sanitizante que no deje residuos tóxicos, por ejemplo 50 ppm de un compuesto de amonio cuaternario o de cloro.

C) ¿CÓMO DEBE DESINFECTARSE?

El uso efectivo de un método desinfectante, constituye el factor base en la prevención y tratamiento de infecciones y contaminaciones. En el hospital, la elección del desinfectante es una decisión que deberá ser tomada por personal especializado en saneamiento. Se deberá conocer el rendimiento efectivo del compuesto que se empleará; para ello, el mismo deberá aprobar una prueba de capacitación (ver ensayos).

Además de la efectividad, la selección deberá hacerse en base a otras cualidades, tal como compatibilidad con lo que se va a desinfectar.

Se deberán tener en cuenta las diferentes categorías de materiales a desinfectar y los niveles de acción, en lo posible se debería conocer el coeficiente de dilución del principio activo desinfectante, para poder establecer si diluyéndolo experimentará una pérdida de efectividad.

Por lo general son soluciones concentradas, el tiempo de desinfección puede acortarse significativamente. Los agentes de alto nivel suelen utilizarse en concentraciones elevadas, también los alcoholes, ya que son concentraciones inferiores y al 60% reducen su actividad.

Las soluciones del desinfectante deben ser preparadas extemporáneamente y desechar lo que no se usa (se recordará el efecto adverso que ocasionan la suciedad y partículas).

Se tendrá presente el líquido de dilución que se emplea, ya que muchos agentes son afectados por el mismo (por ejemplo, si el agua es dura, puede disminuir o bloquearse la acción de clorhexidina y de amonio cuaternario).

Muchas veces puede malinterpretarse la información otorgada por el proveedor; en la práctica, conociendo el coeficiente de fenol del compuesto, puede calcularse la dilución de uso, multiplicando por 20 el mismo. Por ejemplo, si un compuesto posee un coeficiente de 5 (5 x 20 = 100), la dilución de uso será de 1/100.

De todo lo expuesto, podemos afirmar que de igual forma que lo que se realiza con la Esterilización, la práctica de la Desinfección debe ser VALIDADA, concepto que se ignoraba hasta hace muy poco tiempo.

Se recordará que VALIDAR constituye un programa formal para demostrar que un proceso puede ser llevado a cabo en forma confiable.

Por lo tanto, cuando se propone el empleo de un desinfectante, sea conocido o nuevo, se deberán tener en cuenta las siguientes normas, basadas muchas de ellas en los factores ya vistos.

1) Conocimiento apropiado de todo lo que corresponda a la fabricación y proveedor.
2) Máximas referencias bibliográficas del compuesto.
3) Tener en cuenta los diferentes factores que condicionan la efectividad:
   a) Tiempo de contacto mínimo
   b) Compatibilidades e incompatibilidades con sustancias extrañas, superficies y envases.

c) Compatibilidades e incompatibilidades con otros desinfectantes y detergentes.
d) Espectro antimicrobiano
e) Influencia del diluyente
f) Concentración práctica de uso

Todo este estudio deberá ser perfectamente documentado y basándose en el mismo se podrá decidir sobre la aceptación o rechazo del compuesto.

Las pautas y procedimientos descriptos constituirán la Validación del Proceso, que de acuerdo con las Buenas Prácticas, asegurará la Calidad y Seguridad de la Desinfección.

MECANISMO DE ACCIÓN DESINFECTANTE

Los desinfectantes, como todo antimicrobiano, intervienen en algunas etapas de la vida microbiana. Los mecanismos de acción desinfectante no son tan simples y puntuales sino que, por lo general, son complejos, participando muchas veces varios de ellos.

También la acción puede ejercerse principalmente sobre una función comprometiéndose posteriormente otra; algunas veces aquella es reversible, otras, irreversible. Por ello la clasificación de los agentes desinfectantes no la haremos en forma rígida, sino que se hará agrupando a los mismos de acuerdo con su principal accionar sin descartar otro que se ejerce simultánea y secuencialmente.

De acuerdo al centro celular sobre el cual actúan tenemos:

Agentes activos sobre:

Pared celular y Membrana celular	Aldehídos Tensioactivos aniónicos Agentes quelantes Fenoles y derivados Biguánidos Tensioactivos catiónicos Parabenos
Material nuclear	Agentes alquilantes Colorantes Acridinas Óxido de Etileno
Grupos enzimáticos o proteínas	Agentes oxidantes Halógenos Agentes alquilantes Alcoholes Ácidos y álcalis Metales pesados

REFERENCIAS BIBLIOGRÁFICAS

MECANISMO Y CINÉTICA DE DESINFECCIÓN

GARDNER J.F., PEEL M.M.
Introduction to sterilization and disinfection
Churchill Linvingstone. 1986.

L'HARIDON R., CERF O.
La désinfection et l'antisepsie: proposition d'un mode de raisonnement tenent compte des cinetiques d'inactivation des microorganismes.
Rev. d L'Instit. Past. Lyon
11:445-456:1978.

MC CULLOCH E.
Disinfection and sterilization
Lea & Febiger, Ed. 1936.

RUSSELL A.D.
Principles of antimicrobial activity, in Disinfection, Sterilization and Preservation.
S.S. Block, Lea & Febiger
3era. Edición 1983.

SYKES G.
Disinfection and Sterilization.
Van Nostrand Comp. Inc. 1958.

Topley F.W., Wilston G.S.
The principles of Bacteriology and Inmunity
N.Y. 1945.

Wedderbuen Doren L.
Preservation of emulsions against microbial attack.
Adv. In Pharm. Scien. Vol. I:1964, 195-268.

CAPÍTULO 3

CARACTERÍSTICAS DE LOS AGENTES QUÍMICOS DESINFECTANTES

AGENTES ACTIVOS SOBRE LA MEMBRANA CELULAR

Provocan una desorganización de la membrana celular interfiriendo con sus funciones normales, pudiendo ocasionar la pérdida de diferentes metabolitos.

Principalmente, entre estos agentes tenemos a los **tensioactivos.**

La tensión existente entre las moléculas de cada líquido permite la atracción de éstas unas a otras; esta fuerza obra en toda la superficie sea entre líquido y aire o entre líquido y bacterias u otras partículas suspendidas en el líquido.

Si una sustancia que tiende a disminuir la tensión se disuelve en un líquido, sus moléculas tenderán a salir fuera por la atracción fuerte de las moléculas de éste.

Por consiguiente, las moléculas del agente tensioactivo tenderán a congregarse en la interfase del líquido con otro objeto (bacterias, partículas, pared del envase, aire), formando una capa fílmica a su alrededor.

Si esa capa es de naturaleza tóxica y se halla alrededor de las bacterias, puede ocasionar la muerte de éstas, aún si la sustancia tensioactiva se encuentra en todo el medio en una concentración inferior a la que podría producir la mortandad bacteriana. Vale decir que muchos de estos compuestos obran como fuertes desinfectantes.

Pero no siempre la acción del tensioactivo es de este tipo; otras veces el compuesto no es tóxico, en este caso forma una capa fílmica protectora, y otras veces el tensioactivo puede incrementar o disminuir la toxicidad de sustancias existentes en el medio.

Los tensioactivos pueden actuar como detergentes, humectantes y emulsionantes; según su estructura química predominará una cualidad u otra. Se hallan constituidos por un grupo polar hidrófilo y un grupo no polar hidrófobo. El grupo hidrófilo es el que determina la acción: en los detergentes se encuentra en el extremo de la molécula; en los humectantes se encuentra en el centro (jabones de ácido linoleico o linolélico), en los emulsionantes, en cambio, no parece haber relación con la estructura.

El grupo hidrófilo es el que contribuye a la actividad desinfectante, mientras que el grupo hidrófobo o lipofílico es importante para otras funciones biológicas, y está constituido por una cadena larga hidrocarbonada.

De acuerdo con la clase podemos clasificar a estos compuestos en:

CATIÓNICOS:

Son compuestos de amonio cuaternario, en donde el grupo polar hidrófilo activo está cargado positivamente, y se halla balanceado por el grupo hidrófobo constituido por una cadena hidrocarbonada. Son derivados del N pentavalente, y su estructura general es la siguiente:

$$\left[\begin{array}{ccc} & R_1 & \\ & | & \\ R_2 - & N & - R_4 \\ & | & \\ & R_3 & \end{array}\right]^{+} \quad X^{-}$$

en donde los radicales R se hallan unidos covalentemente al N mientras que el anión X (Cl, Br, SO_4) se une en forma electrovalente.

Son los más importantes agentes antibacterianos de este grupo; según la naturaleza de los grupos R, el anión y el número de átomos de N cuaternario presente pueden agruparse en:

Sales de monoalquiltrimetilamonio
(Cetavlon, Arquad 16)
Sales de monoalquildimetilbencilamonio
(Benzalconio, Hyamine 3500)
Sales de Dialquildimetilamonio
(Deciquan 222)
Sales de Heteroaromático amonio
(Coeprin)
Sales de amonio polisustituido
(Omyxide 3300)
Sales de amonio cuaternario Bis
(Decuadin)
Sales de amonio cuaternario polimérico
(Mirapol A-15)

Son compuestos activos frente a diferentes microorganismos pero los son más frente a las bacterias Gram positivas, presumiblemente debido a la composición de la pared en cuanto al contenido de fosfolípidos, comparadas con las Gram negativas.

Son más activos a pH alcalino, no tienen actividad frente a las esporas bacterianas. Con respecto a su acción sobre levaduras y hongos, es discutible, algunos manifiestan que poseen una acción fungistática variable en las diferentes especies, sobre todo en solución hidroalcohol acetona y en concentración de 1/1000. También son activos sobre ciertos protozoarios en concentración de 1/5000.

Los virus son más resistentes que las bacterias y hongos, si bien algunos son susceptibles a elevadas concentraciones. Por ejemplo, el virus de la influenza se inactiva en pocos minutos en concentración de 1/500 a 1/1000; de igual forma el virus del SIDA. Son relativamente no tóxicos.

Su actividad puede verse afectada por la presencia de sustancia orgánica; un 10% de suero humano o bovino disminuye su actividad en más de 50.000 veces. Esto es debido posiblemente a una reacción química o a fenómenos de adsorción, pues todos los compuestos tensioactivos se adsorben a cualquier superficie, hecho que es necesario tener en cuenta cuando se ensaya la efectividad y potencia de estas sustancias.

Otras características a tener en cuenta son las incompatibilidades que presentan frente a una gran cantidad de compuestos, entre los que se encuentran: detergentes aniónicos y el jabón entre ellos; nipagin A; nitratos; ácido bórico; superfosfatos de sodio (con excepción del fosfato trisódico y pirofosfato tretrasódico); tween 80; lecitina y fosfolípidos, que es necesario tener presente en la prescripción de una fórmula desinfectante. Por otra parte, esas incompatibilidades son base para antagonizar la acción de los compuestos catiónicos en estudios especiales.

Se los utiliza en cirugía preoperatoria (1/1000); en la desinfección de equipos de la industria alimentaria y de medicamentos; para el tratamiento de utensilios en general (1/5000); desinfección de determinados protozoarios (1/5000); sanitizante en general (1/5000); conservador de soluciones oftálmicas y desinfección del agua cuando no se puede emplear cloro (ver apéndice I).

ANIÓNICOS:

Contrariamente al grupo anterior son compuestos que en agua se hidrolizan liberando un anión activo, están constituidos por una molécula hidrocarbonada larga (hidrófoba) y un grupo polar hidrófilo; por ejemplo: estearato de sodio.

La parte polar puede ser de tres grupos: carboxilo, sulfúrico y sulfónico. El primer grupo lo constituyen los jabones, obtenidos por saponificación de ácidos grasos naturales, que se hallan presentes como triglicéridos (estearato de sodio).

R — COONa

El segundo grupo está formado por ésteres sulfúricos, principalmente con sales sódicas y cuya fórmula general es:

R — SO4H (laurilsulfato de sodio)

El tercero lo constituyen ésteres sulfónicos y cuya fórmula general es:

R —SO3H (dodecilbencenosulfonato de sodio)

En ambos grupos R representa una cadena alquílica compuesta de 8 a 20 átomos de carbono.

Los detergentes aniónicos también desorganizan las membranas de las bacterias, dando lugar a fenómenos líticos; son activos principalmente frente a bacterias Gram positivas, pero también lo son en menor escala frente a las Gram negativas, no son esporicidas y su acción es más intensa en medio ácido.

Al respecto, suelen utilizarse los detergentes aniónicos-ácidos que son muy efectivos, manifestándose su actividad en escasos segundos.

NO IÓNICOS:

Son compuestos que no poseen acción antimicrobiana, por el contrario, algunos pueden mejorar el crecimiento de los microorganismos. Son buenos emulsionantes y solubilizantes, ampliamente utilizados en la industria farmacéutica. Su fórmula general es:

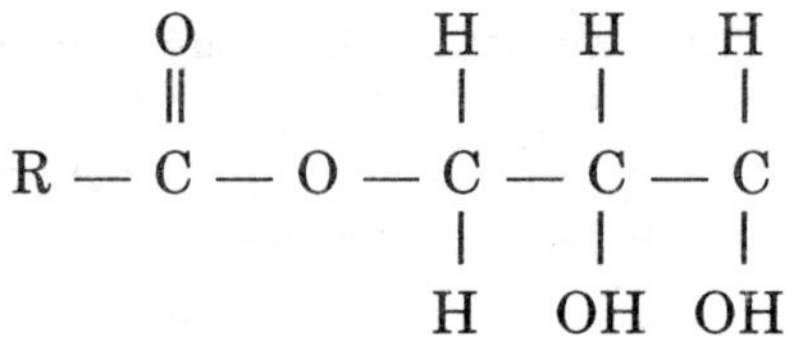

La importancia de su estudio en este capítulo reside en la acción que poseen de neutralizar a otros compuestos antimicrobianos, tal por ejemplo a los amonios cuaternarios y a ésteres del ácido parahidroxibenzoico, sobre todo cuando se encuentran por encima de una concentración determinada, ya que a muy bajas concentraciones incrementan la efectividad de aquellos compuestos.

Se clasifican de acuerdo al tipo de unión que poseen en:

Tipo éter:	Polioxietilenlaurileter (Brijs)
Tipo éster:	Sorbitanmonooleato (Span)
	Sorbitansesquioleato (Arlacel)
Tipo éster-éter:	Polioxietilensorbitanmonooleato (Tween 80)
Tipo amida:	Laurildietanolamida.

Existen además otros tipos, como ser los derivados de sacarosa: sacarosadiestiarato.

ANFÓLITOS:

Son compuestos que en solución acuosa se ionizan dando cationes, aniones y zwiteriones; un incremento en los grupos básicos produce un aumento de la actividad desinfectante. Fueron utilizados en Europa y derivan de aminoácidos, sustituidos por una larga cadena del grupo alquílicoamino.

Los más conocidos provienen de la glicina denominándoselo Tego; existen diversos tipos, según la estructura química de la molécula hidrocarbonada R que posee la glicina:

$R = C_{12}H_{25}NHCH_2COOH$

$R = C_{12}H_{25}NH(CH_2)_2NH(CH_2)_2NHCH_2COOH$

Así por ejemplo, tenemos:

Tego 103 S = $RNH(CH_2)NH(CH_2)_2NHCH_2COOH\ HCl$

Tego 51 = $RNH(CH_2)_2NH(CH_2)_2NHCH_2COOH +$

$+ RNH(CH_2)_3NHCH_2COOH$

Fueron promovidos con una serie de atributos, las soluciones al 1% son activas frente a bacterias vegetativas Gram positivas y Gram negativas, pero con poca actividad sobre pseudomonas y M.tuberculosis; también tiene cierta actividad sobre protozoarios, pero no así sobre virus, en especial los hidrofílicos (poliovirus). Los virus lipofílicos (influenza) son más susceptibles a la acción.

Son menos afectados por la presencia de sustancia proteica que los hipocloritos; algunos investigadores observan una reducción de actividad, pero inferior a otros compuestos como ser los derivados de amonio cuaternario: por ejemplo, el Tego en presencia de 10% de leche reduce su actividad en 4 veces, mientras que el compuesto de amonio cuaternario reduce su actividad 50 veces.

Sobre superficies sólidas pueden adsorberse dejando un residuo difícil de eliminar con los enjuagues. En general poseen muy baja toxicidad.

En cirugía, se los utiliza para desinfección de epidermis, manos, pudiéndose lavar directamente con la solución concentrada dejando un tiempo de contacto de 2 minutos; también se lo emplea como antiséptico bucal y en cosmética como constituyente de shampoos anticaspa.

También se los utiliza en industrias alimentarias para la desinfección de máquinas procesadoras, en concentración de 0.05 y 0.1%; para la desinfección de ambientes en general (pisos, paredes, etc.) se emplea en concentración del 1%.

Una de las ventajas que ofrecen es que no son corrosivos sobre los elementos de acero y no son afectados tampoco, con un cierto grado de dureza del agua.

AGENTES QUELANTES:

Entre ellos se encuentran derivados de aminas, tal como el compuesto EDTA (Etilendiaminotetrasético), que posee características antimicrobianas o inhibidoras, sobre especies sensibles, causando muerte por lisis o actuando indirectamente sensibilizando a diferentes especies microbianas a los agentes antimicrobianos, en una verdadera acción sinérgica.

Se ha informado que niveles comprendidos entre 0.1 y 1 mM pueden reducir más del 99% de bacterias en pocos minutos (variando según las condiciones de trabajo). Se une con el magnesio sobre todo en bacterias Gram negativas, como la Pseudomonas aeruginosa, pues la membrana lipopolisacárida de estos organismos se halla estabilizada por el Mg, por lo tanto la eliminación de este elemento desordena la membrana, incrementándose la permeabilidad a muchos agentes químicos.

La acción quelante del EDTA podría resultar en la desestabilización de un gran número de puentes catiónicos existentes en la unión fosfato-lipopolisacárido. Las especies resistentes poseen menos fosfatos. Constituye un ingrediente activo en numerosas formulaciones.

REFERENCIAS BIBLIOGRÁFICAS

CATIÓNICOS

PETRUCCI A.N.
Surface-Active Agents: Quaternary Ammonium Compounds, in Disinfection, Sterilization and Preservation.
S.S. Block Lea & Febiger 3era. Ed. 1983.

PRETUCCI A.N., CLARKE P., MERIANOS J.J., GREEN H.
Quaternary Ammonium Antimicrobial Compounds old and new.
Dev. Industr. Microbiol. 20:11-14:1979.

SYKES G.
Disinfection and Sterilization.
Van Nostrand Comp. Inc. 1958.

ANIÓNICOS

BOLLE A., KELLENBERGER E.,
Behavior of bacterial cells in the presence of detergents particularly sodium dodecylsulfate.
Pharm. Acta Helv. 33:379-390:1958.

DYCHDALA G.R.
Surface active agents: acid anionic compounds, Disinfection, Sterilization and Preservation.
S.S. Block Lea & Febiger, 3era. Ed. 1983.

Newton B.A., The mechanism of the bactericidal action of surface active compounds
A summary, J. Appl. Bacteriol. 23:345-349:1958.

ANFÓLITOS

Block S.S.
Surface-Active Agents: Quaternary Ammonium Compounds, in Disinfection, Sterilization and Preservation.
S.S. Block Lea & Febiger 3era. Ed. 1983.

Ayliffe G.A., Collins B.J., Lowbury E.J.L.
Cleaning and disinfection of Hospitals floors.
Br. Med. J. 2:442-445:1956.

De Mazza D., Landolfi M.R., Montes L.A.
Determination of the antibacterial activity of TEGO 51.
An. Soc. Cient. Argent. 189:3-10:1970.

Kuipers J.S., Dankert J.
Bactericidal properties of TEGO 103 S and TEGO 103 G.
Jour. Hyg. 168:343-348:1970.

CAPÍTULO 4

AGENTES ACTIVOS SOBRE PARED CELULAR Y MATERIAL NUCLEAR

AGENTES ALQUILANTES

Son compuestos que obran sobre enzimas celulares incorporando un grupo alquilo y dañando a la célula irreversiblemente. Entre ellos se encuentran los **Aldehídos**, sustancias que gozan de una fuerte actividad microbicida, algunos de ellos han sido utilizados desde hace mucho tiempo y llenan todos los requisitos necesarios para una acción esterilizante, es decir, que poseen un efecto esporicida.

La actividad microbicida se halla relacionada a la estructura del compuesto, ya que salvo excepción, disminuye a medida que aumenta su peso molecular. Comparando la actividad esporicida de los 8 compuestos siguientes, podemos observar que muestran:

Formaldehído	Buena actividad
Glioxal	Buena actividad
Malonaldehído	Suave actividad
Succinaldehído	Suave actividad
Glutaraldehído	Excelente actividad
Adipaldehído	Suave actividad
Heptanedial	Muy pobre actividad
Octanedial	Muy pobre actividad

De éstos, los compuestos más utilizados son el formaldehído y glutaraldehído.

FORMALDEHÍDO:

Es una sustancia con gran poder reductor y muy reactiva con las proteínas, comercialmente se lo utiliza en solución acuosa al 37/41% con el nombre de formalina o formol, usándose como estabilizador un 10% de metanol.

En su forma monómera, el formaldehído es un gas incoloro altamente irritante para las mucosas, en el comercio puede encontrarse en forma de trimero cíclico (trioximetileno), que es un sólido cristalino y también bajo forma de paraformaldehído, sólido incoloro con aproximadamente un 95% de formaldehído que se libera lentamente al calentarse.

Estos polímeros se forman sobre todo a temperatura ambiental baja, ya que el monómero es estable en altas concentraciones y a temperaturas de 80°C.

Los vapores de formol tienen una densidad semejante a la del aire y tienden a condensarse sobre la superficie de objetos; la poca humedad y objetos sometidos a temperaturas elevadas impiden ésta condensación. Por eso cuando se lo utiliza en la desinfección de un ambiente, éste debe poseer suficiente vapor de agua, observándose que aproximadamente un 15% de formaldehído se halle en el aire, el resto se condensa sobre los objetos; esta humedad se logra con el vapor de aproximadamente 3 lts de agua para un ambiente de 100 m^3.

A temperatura ambiente, el formol obra como desinfectante de superficie, mientras que a temperatura de 80°C se incrementa su acción y penetración, permitiendo su empleo en la desinfección en profundidad.

Este compuesto posee un amplio espectro de acción y es considerado como un desinfectante de alto nivel, es muy activo sobre bacterias Gram positivas y negativas, esporos bacterianos, M. tuberculosis, hongos y virus. Su modo de acción es por alquilación de los grupos aminos y sulfhidrilos de proteínas y de átomos de nitrógeno de bases púricas.

Sus vapores irritantes limitan su uso en el ambiente hospitalario, asimismo los objetos sometidos a su acción y que deben estar en contacto con los tejidos, necesitan ser enjuagados dado la irritación que podrían provocar.

La acción irritante ha sido discutida por la Agencia de Protección Ambiental (EPA), parte de la población puede reaccionar en forma adversa, aun a bajas concentraciones, recomendándose una exposición de corto tiempo en áreas internas; se le atribuye también acción mutágena, teratogénica y carcinogénica sobre los microorganismos e inducción de intercambio de cromátides hermanas, en células de ovario y linfocitos humanos.

No hay evidencias de cáncer en humanos en estudios realizados sobre personas sometidas desde el punto de vista ocupacional a la acción de este elemento. No obstante no se aconseja la mezcla de formaldehído con cloro o derivados clorados por producirse un carcinógeno activo.

El residuo de formaldehído en los equipos de hemodiálisis puede producir hemólisis. Deben tomarse precauciones con respecto al enjuague de los elementos desinfectados con formol como así también con una buena aireación de las cámaras herméticamente cerradas y desinfectadas.

Se lo emplea como desinfectante general, sobre todo, terminal, y como esterilizante gaseoso de ambientes con humedad apropiada (ver apéndice I). Como solución desinfectante puede utilizarse diluyendo la solución de formol al 20% en alcohol de 70° o en solución acuosa (8% de fomaldehído).

El residuo de formol puede controlarse a través de la reacción del ácido cromotrópico (ver apéndice III).

GLUTARALDEHÍDO:

Es un aldehído químicamente neutro, con muy buena penetración, y es menos irritante y tóxico que el formaldehído, es muy utilizado como esterilizante químico de materiales.

El producto se encuentra concentrado al 25% en medio ácido donde prevalece la forma monómera; en forma similar a lo que ocurre con formaldehído el monómero tiene tendencia a polimerizarse, reduciendo su efectividad. La forma monomérica se mantiene en equilibrio con su hemiacetal cíclico; a medida que el pH aumenta se produce el polímero inactivo.

La dilución de uso es al 2% en medio alcalino (pH 8), que es muy activa, pero además puede existir al 2% en forma ácida (pH 4), que es menos activa, pero de mayor estabilidad.

Precisamente, la velocidad de polimerización que experimenta el glutaraldehído depende del Ph y la temperatura. El aumento de temperatura produce más aldehído libre en soluciones ácidas, mientras que en soluciones alcalinas, se pierden los grupos aldehídos libres. Por ello a temperatura ambiental baja las soluciones alcalinas son más activas que las ácidas; a 70°C tanto las soluciones alcalinas como las ácidas mantienen una actividad similar frente a las esporas bacterianas (destruyéndose en 5 minutos), parece ser que los polímeros formados se disgregan, produciéndose un 60% de monómeros.

La solución de glutaraldehído al 2%, posee un amplio espectro con una velocidad de muerte muy rápida: menos de 1 minuto para bacterias vegetativas, 10 minutos para M. tuberculosis, 3 horas para esporas bacterianas, 10 minutos para los virus, sobre todo los lipídicos (HIV-hepatitis), pues los no lipídicos (polio-coxsackie) por lo general muestran mayor resistencia, aun cuando de igual forma son afectados. Asimismo, posee actividad antifúngica, una solución 0,5% de glutaraldehído en medio alcalino produce un D de 27 minutos sobre Aspergillus niger, siendo esta especie más resistente que otros hongos a la acción de este compuesto, en cambio esa misma concentración en medio ácido posee poca acción.

La soluciones frecuentemente utilizadas son alcalinas, que son menos estables que las ácidas, por eso se aconseja que luego de 15 días las diluciones activadas alcalinas deberían ser descartadas, no obstante hemos comprobado en nuestro laboratorio que la actividad aún se mantiene al mes de preparada la solución activada. La determinación del coeficiente de fenol sobre estafilococo aureus en 2 preparados alcalinos diferentes (A y B) mostró los siguientes resultados durante el transcurso de 28 días:

DIA	CF(A)	CF(B)
0	55,5	55,5
7	36,1	19,4
14	27,7	13,8
28	27,7	11,1

Es decir, que si bien el coeficiente va decayendo, aún es lo suficientemente alto para mantener actividad antimicrobiana.

El glutaraldehído es activo aún en concentraciones bajas, diluciones del 10% de la solución 2% produjo la muerte de una gran variedad de microorgasnismos en tiempos cortos (Tabla 1)

CUADRO 1

TIEMPO DE MUERTE BACTERIANA FRENTE AL GLUTARALDEHÍDO 0.2%

Microorg.	Concentración del inóculo/ml	Tiempo de muerte en segundos
V.cholerae	5 x 10^7	30 seg.
E.coli	"	60 seg.
S.typhi	"	60 seg.
K.pneumoniae	"	30 seg.
P.vulgaris	"	30 seg.
S.marscecens	"	120 seg.
Ps.aeruginosa	"	60 seg.
Ps.maltophilia	"	30 seg.
S.aureus	"	60 seg.
C.albicans	5 x 10^6	3600 seg.

Esta sustancia resiste bastante bien la presencia de sustancia orgánica, tal como suero humano, no alterándose su efectividad en las concentraciones de uso (Tabla 2).

CUADRO 2

INFLUENCIA DE LA MATERIA ORGÁNICA SOBRE LA ACCIÓN DEL GLUTARALDEHÍDO 1 Y 2% FRENTE A UN INÓCULO DE E.COLI (TIEMPO DE MUERTE EN SEGUNDOS)

Concentración de Glutaral	Concentración de Suero Humano	
	1%	10%
1%	< 30	30
2%	< 30	< 30

También, en nuestras experiencias demostró una alta capacidad frente a sucesivas inoculaciones, cada 60 segundos, de una suspensión bacteriana de E. coli (0.1 ml de una suspensión 10^9/ml, en 10 ml de solución desinfectante), de manera tal que al finalizar la última reinoculación se añadió un total de 10^8 bacterias/ml. Las resiembras en el medio de recuperación fueron efectuadas luego de 30 segundos de cada inoculación (Tabla 3).

CUADRO 3

SUSPENSIÓN DE E.COLI 1 X 10^9/ML
EN GLUTARALDEHÍDO 2%

Inoculaciones de 0.1 ml susp. en 10 ml de glut.	Desarrollo bacteriano luego de resiembras
Primera	negativo
Segunda	"
Tercera	"
Cuarta	"
Quinta	"
Sexta	"
Séptima	"
Octava	"
Novena	"
Décima	"

En el empleo de estas sustancias es importante tener en cuenta las posibles reacciones tóxicas que podrían dar lugar en las personas que manejan las mismas, o en los pacientes expuestos a los residuos existentes en los elementos desinfectados.

Parece ser que el umbral para inducir irritación dérmica es de una solución acuosa al 0,2%. Una solución al 2% es considerada suavemente irritante para la piel, y mucho más para la mucosa ocular. Diversas publicaciones han considerado el riesgo de los pacientes a esta sustancia y consideran que el 10% del glutaraldehído absorbido [por elementos de goma y plástico se eliminan en 24 horas; ulteriores lavados de enjuague reducen el glutaraldehído a concentraciones no tóxicas (por lo menos 3 lavados). Se considera que una concentración de glutaraldehído entre 10 y 25 ppm causa efectos tóxicos sobre cualquier tipo de célula.

ÓXIDO DE ETILENO

Ha sido utilizado como desinfectante gaseoso de superficies secas, pero su amplio uso es en la estirilización gaseosa, no obstante, aun cuando en este manual no se trata a la esterilización, creemos apropiado señalar algunas características de este elemento, por participar el mismo en la problemática del saneamiento, y extremar precauciones en las personas que utilizan estas sustancia.

Es un compuesto líquido a menos de 10.8°C, soluble en el agua, con la cual puede formar poliglicoles, sus vapores son inflamables y explosivos, por eso, es mezclado con diversos compuestos, como ser 10% de óxido de etileno (OE), con 90% de dióxido de carbono (Carbóxido), que es barato, o con 80% de dióxido de carbono (Oxifume) o con otros elementos tales como los fluoro carbonados (más caros), cada mezcla posee sus ventajas.

Su actividad es debida a la alquilación de grupos sulfhidrilos, aminos, carboxilos, fenólicos e hidroxílicos de las bacterias vegetativas o esporuladas.

La alquilación se realiza reemplazando un átomo de hidrógeno con un grupo alquilo, lo que causa el daño o muerte del organismo y tiene lugar con diversos componentes del DNA, tal como la guanina o adenina.

De los diferentes esporos bacterianos, los esporos del B. subtilis var. niger (globigii) exhiben la más alta resistencia a la exposición de este elemento, por tal razón la farmacopea USP recomienda a este organismo como indicador de elección en el monitoreo de la esterilización.

También las esporas de hongos presentan cierto grado de resistencia, pero en menor grado. Los virus son destruidos.

Se hidroliza dando etilenglicol y etilenclorhidrina, que son tóxicos y genotóxicos, por tal motivo no se lo emplea en alimentos. Es tóxico aún a niveles no detectados por el olfato, además puede dar hipersensibilidad por contacto.

En la Tabla 4 pueden observarse los tiempos de reducción decimal de diversos organismos esporulados.

CUADRO 4

TIEMPO DE REDUCCIÓN DECIMAL DE DIVERSOS MICROORGANISMOS ESPORULADOS SOMETIDOS A CONDICIONES SEMEJANTES

Organismo	Vehic. Trans.	Temp. °C	Conc. mg/1	Humed. Relat. %	D min.
B.sutilis var.niger	papel	54,4	500	30-50	3,5
Cl.sporogenes	papel	"	"	"	2,8/3
B.stearothermop.	papel	"	"	"	2,6

Si el B. subtilis var. niger estuviera en un vehículo de transporte plástico, en esas mismas condiciones de esterilización, el valor de D sube a 6,7 minutos.

En una experiencia similar con Cl. botulina en papel, pero con una humedad relativa del 47% y temperatura de 40°C y concentración de 700 mg/l, dará un valor D de 11 minutos.

Su empleo se hace en autoclaves especiales, donde se controla la humedad relativa, temperatura y presión, por lo general se utilizan dosis de 500 mg/lt, con un tiempo aproximado de 4 hs; si cambia uno de los factores, los otros también cambian. La humedad relativa durante su proceso de esterilización es muy importante, una humedad relativa del 30% es aproximadamente 10 veces más rápida en el tiempo de esterilización que una humedad del 95%. Con respecto a la temperatura puede decirse que por cada 10°C de elevación el tiempo prácticamente se reduce a la mitad.

En la tabla 5 pueden apreciarse las variaciones dl tiempo en la destrucción de una población de esporos de B. sutilis var. niger (globigii), con las diversas condiciones de tratamiento:

CUADRO 5

TIEMPO DE DESTRUCCIÓN DEL 99,999% DE UNA POBLACIÓN DE 106 ESPORAS DE B. SUBTILIS VAR. NIGER (GLOBIGII) CON DIVERSAS CONDICIONES DE TRATAMIENTO

Humedad Relativa %	Temperatura °C	Concentración de CE mg/l	Tiempo min.
15	47,5	500	70
30	47,5	500	10
40	47,5	500	20
50	47,5	500	30
40	37,7	500	50
40	65,5	500	8
40	47,5	300	45
40	47,5	900	18

Puede apreciarse que concentraciones mayores de 500 mg/lt no modifican significativamente el tiempo de destrucción.

Este compuesto tiende a absorberse en diferentes materiales como ser: caucho sintético, PVC, polietileno y polipropileno (en menor escala, pero en cantidades significativas), papel, algodón, etc, por lo que es necesario desabsorber el mismo, mediante ventilación, que se realiza en tiempo variable; según el material, puede variar desde 2 días (con polietileno y polipropileno) hasta 2 semanas (con PVC, gomas). El procedimiento correcto incluye 2 cámaras separadas, una dedicada a la esterilización y la otra a la aereación (a fin de ventear rapidamente en unas 12 hs).

La exposición a altas dosis puede ocurrir en 3 situaciones: a) cuando se abre la puerta del autoclave, b) con el material esterilizado no venteado y c) con los aereadores no venteados.

Como ya se ha señalado, si no se eliminan los residuos, pueden ocasionar cuadros tóxicos y de hipersensibilidad, por tal razón se han establecido límites de tolerancia máxima de OE y de residuos, tanto para los elementos sometidos a esta esterilización como para el ambiente. En éste último caso se ha fijado un máximo de 1 ppm en el aire con un tiempo promedio de trabajo de 8 hs, por lo que se deberá hacer esfuerzo en minimizar la exposición del personal, sobre todo en los hospitales.

Con respecto a los elementos, se los ha clasificado según lo ya visto en el capítulo 1, en invasivos para el organismo humano (críticos), grupo B; o no invasivos (no críticos), grupo A. El grupo B se ha subdividido en 3 subgrupos: los dos primeros incluyen a los elementos que se hallan en contacto directo con sangre, o fluidos corporales: tubos plásticos, equipos o soluciones parenterales, catéteres, guantes, jeringas, agujas, endoscopios, etc; el tercero incluye a los elementos que se hallan en contacto directo con el sistema cardiovascular o sistema nervioso central: ciertos catéteres, marcapasos, etc.

El grupo A incluye a máscaras, mamaderas, bajalenguas, etc.

Los límites máximos se especifican en la Tabla 6

CUADRO 6

Grupo	Oxido Etileno ppm	Etilenclor-hidrina ppm	Etilengli-col ppm
A	250	250	5.000
B1	25	25	250
B2	25	25	250
B3	5	10	10

ÓXIDO DE PROPILENO

Este elemento, al estar en solución, da lugar a propilenglicol, que no es tóxico y por tal razón se lo emplea en la esterilización de productos alimenticios y desinfectantes. Es activo con humedad relativa baja.

En experiencias realizadas en esporos de B. subtilis niger colocados en diversos desinfectantes, como ser: alcohol isopropílico 70%; clorhexidina 0,5% en alcohol isopropílico 70%; cetrimida 2% más clorhexidina 0,2% en agua, señalaron las propiedades desinfectantes del óxido de propileno. Con concentraciones del 5% se produjo la esterilización del alcohol isopropílico en 12 días y de la cetrimida 2% en 6 días.

Este aspecto es muy interesante si tenemos en cuenta lo manifestado en otro capítulo, que muchos desinfectantes no se autoesterilizan, por el contrario, pueden ser vehículos de contaminación.

REFERENCIAS BIBLIOGRÁFICAS

ALDEHÍDOS

ACKLUND N.R., HINTON M.R., DENMEADE K.R.
Controlled formaldehide fumigation system.
Appl.Envirom.Microbiol. 39:480-487:1980.

AYLIFFE G.A., COLLINS B.J., BABB J.R.
Disinfection with glutaraldehide.
Brit.Med. J., 1:1019:1979.

AYLIFFE G.A., DEVERILL C.E.A.
Disinfection with glutaraldehide.
Brit. Med. J. 1:1019.

CHAIGNEAU M, LE MOAN G., CHASTAGNIER M., HUY CHUONG P.
Sur les nouveaux résultate concernant la persistance de residus dans du matériel médico-chirurgical stérilisé par le formaldehyde.
Ann. pharmacet. Franc., 40:431-438:1982.

FLINK O., FRANDEN G., HAMILTON L.
Sporicidal effect of different aldehyde based preparations.
J. Pharm. Belg. 36:277-230:1981.

GORMAN S.P., SCOTT E.M., RUSSEL A.D.
A review of Antimicrobial Activity, uses and mechanism of action of glutaraldehide.
Jour. Appl. Bacteriol 48:161-190:1980.

McCULLOCH E.
Disinfection and Sterilization
Lea & Febiger Ed. 1936.

RUSSELL A.D.
Inactivation of non sporing bacteria by gases.
Soc. Appl. Bacteriol 5:61-68:1976.

SCOTT E.M., GORMAN S.P.
Sterilization with glutaraldehide in Disinfection, Sterilization and Preservation.
S.S.Block. Lea & Febiger 3era. Ed. 1983.

STONEHILL A.A., KROP S., BORICK P.M.
Buffered glutaraldehide, a new chemical sterilizing solution.
Am. J. Hosp. Pharm. 20:458-465:1963.

ÓXIDO DE ETILENO Y PROPILENO

CAPUTO R.A., ODLAUG T.E.
Sterilization with Ethylene Oxide and Other Gases in Disinfection, Sterilization and Preservation.
3era. Ed. S.S. Block 1983.

FEDERAL REGISTER.
Ethylene oxide, ethylene chlorohydrin and ethylene glycol.
FDA.1978. Part V

HART A., BROWN M.W.
Propylene Oxide as sterilizing agent.
Appl. Microbiol. 28:1069-1070:1974.

Kareluk K., Gammon P.A., Lloyd R.S.
Microbiological aspects of OE II.
Appl Microbiol. 19:152-156:1970.

Savage R.A., Stumbo C.R.
Characteristics of progeny of ethylene oxide treated Cl. botulinum type 62A spore.
J.Food.Sci. 36:182-180:1971.

CAPÍTULO 5

AGENTES OXIDANTES

Son compuestos que principalmente actúan inactivando enzimas, entre ellos se encuentran los halógenos, peróxidos, perácidos y ozono.

HALÓGENOS

Cloro: Continúa siendo, conjuntamente con sus derivados, muy utilizado en la práctica de la desinfección, ya desde 1915, con la incorporación de la solución de hipoclorito sódico de Dakin, cuya modificación, la solución de Dakin-Carrel se encuentra codificada en nuestra farmacopea y contiene una concentración de hipoclorito de sodio entre 0,45 y 0,50% (5000 ppm de cloro).

En el empleo de los compuestos clorados no es suficiente conocer la concentración porcentual de una solución, sino la cantidad de cloro disponible o aprovechable, que señalará la fuerza germicida de ese compuesto.

El cloro disponible, es una medida de la capacidad oxidante de la sustancia: en el caso de hipoclorito de sodio, el término, indica la cantidad de cloro inicialmente empleada para preparar dicho elemento, incluyendo el cloro consumido para formar el ión cloruro inactivo como germicida, por ejemplo:

$$2HONa + Cl2 \rightarrow ClONa + ClNa + H_2O$$

Es decir, que el cloro disponible es equivalente a 2 átomos de cloro por molécula de hipoclorito de sodio.

En la práctica de la desinfección del agua se ha utilizado el cloro gaseoso, que es un elemento denso color verdoso, pero muy corrosivo y difícil de manejar; más utilizados son los hipocloritos, ya sean de calcio o sódico. Cuando en el agua se halla cantidad suficiente de cloro para satisfacer la demanda, este elemento puede estar en forma libre y combinar, en el primer caso se encuenrtra bajo forma de ión hipoclorito, ácido hipocloroso y cloro; en el segundo, se halla combinado a sustancias orgánicas nitrogenadas, dando lugar a cloraminas, ya sean mono, di y tricloroaminas, según el pH presente, ya que las dos primeras se forman a pH comprendido entre 3 y 5 mientras que la tercera se forma a pH más elevados. Tanto el cloro libre como el combinado constituyen el cloro residual total disponible.

Este proceso es llevado principalmente sobre agua de superficie, pero la reacción entre el cloro y ácidos húmicos o fúlvicos existentes en residuos orgánicos del suelo, sobre todo vegetales, puede conducir a la formación de cloroformo y otros trihalometanos, que son compuestos tóxicos con potencialidad carcinogénica. Tan es así que la agencia protectora del ambiente de los Estados Unidos (EPA), estableció para el agua de consumo una concentración máxima de 0,1 ppm de trihalometanos.

Otros compuestos clorados (clorógenos), como las cloraminas inorgánicas, orgánicas y el dióxido de cloro, también se emplean en el proceso de desinfección de agua.

Tanto el cloro gaseoso como los hipocloritos en contacto con el agua se hidrolizan para formar ácido hipocloroso, responsable de la actividad antimicrobiana:

$$Cl2 + H_2O \rightarrow HOCl + H^+ + ClO^-$$

$$ClONa + H_2O \rightarrow HONa + HOCl$$

El ácido hipocloroso, a su vez, puede disociarse en:

$$HOCl \leftrightarrow H^+ + ClO^-$$

Disociación que depende del Ph, temperatura y fuerza iónica existente.

El ácido hipocloroso y el ión hipoclorito representan el cloro libre disponible, no obstante el ión hipoclorito posee una potencia 100 veces menor que el ácido hipocloroso.

La formación de ácido hipocloroso disminuye en medio alcalino; en la Tabla 1 puede observarse cómo participa el Ph en la formación de ambos elementos:

CUADRO 1

Ph %	HOCl %	ClO^-
4	100	-0,1
5	99,7	0,2
6	95,4	6
7	76,5	28
8	27,5	80
9	3,5	96
10	0,2	100

Esto indica que las soluciones alcalinas de hipoclorito poseen una pequeña cantidad de ácido hipocloroso presente; no obstante, aun hay acción germicida, dado que también se halla presente el ión hiploclorito que puede obrar como regulador, pues a medida que el escaso ácido hipocloroso se utiliza en la desinfección, el equilibrio de hidrólisis

$$ClO^- + H_2O \rightarrow HOCl + OH^-$$

se altera, produciéndose más ácido y continuando la reacción.

Se recordará que el pKa del ácido hipocloroso es de 7,55.

Las cloraminas también se hidrolizan a ácido hipocloroso, mientras que el dióxido de cloro no, considerándose que el agente activo es la molécula intacta.

Los productos son principalmente microbicidas con poca o ninguna acción microbiostática; son activos frente a bacterias vegetativas Gram negativas y positivas; esporos bacterianos, aunque requieren de mayor concentración y tiempo; hongos y levaduras; protozoarios y virus.

Varias fueron las teorías propuestas para explicar el mecanismo de acción de estos compuestos, desde aquellas que proponían la liberación de oxígeno molecular naciente por medio del ácido hipocloroso que se combinaba a elementos celulares; otras postulaban la formación de N-clorocompuestos en el protoplasma celular, mientras que autores como Knox y col. confirman la teoría enzimática propuesta por Green y col. en 1946, de que ciertas enzimas esenciales para la vida son inhibidas merced a una acción oxidante sobre grupos SH, llevándolos a la forma oxidada -S-S-, reacción que es irreversible y responsable de la destrucción celular. Esta teoría fue confirmada más tarde por Friberg (1956), mediante el empleo de cloro radiactivo.

FACTORES QUE AFECTAN LA ESTABILIDAD Y EFECTIVIDAD DEL CLORO EN SOLUCIÓN:

La estabilidad del cloro disponible libre en solución dependerá de los siguientes factores:

a) Concentración de cloro: deberá poseer baja concentración.
b) Presencia de catalizadores: deberá tener muy escasa cantidad de elementos que obran como catalizadores que atentan contra su estabilidad, tal como Cu, Ni y Co.
c) pH de la solución: deberá ser altamente alcalina.

d) Temperatura de la solución: la inestabilidad de soluciones de hipocloritos aumenta marcadamente por encima de 50°C, por lo que deberá mantenerse a bajas temperaturas. Las cloraminas son más resistentes. No obstante, trabajos realizados por Hadfield y Costigan (1934) muestran que hirviendo durante 10 minutos y enfriando posteriormente las soluciones de hipoclorito no hubo apreciable pérdida de cloro.
e) Sustancia orgánica: Sobre todo compuestos nitrogenados, si bien algunos azúcares, como la levulosa, pueden consumir cloro, la estabilidad dependerá de la ausencia de estas sustancias.
f) Radiaciones ultravioletas: la solución deberá mantenerse en contenedores cerrados, en oscuridad y lejos de la luz ultravioleta.

El añadido de estabilizadores que dan lugar a la formación de N-cloro compuestos, puede aumentar la estabilidad pero reduciendo suavemente la efectividad.

Las cloraminas orgánicas son considerablemente más estables a los factores mencionados, debido a la liberación lenta de cloro.

En el estudio de la efectividad de estos compuestos, también participan esos factores, es así como el pH modifica su actividad; por lo general, un aumento de pH disminuye la misma, mientras que una reducción del pH la aumenta. El pH determina la fracción de ácido hipocloroso no ionizado presente que es el que posee actividad.

Hay experiencias que ejemplifican este hecho:

Según Tilley y Chapin (1930), trabajando con esporos de bacilos de anthrax sometidos a la acción de una solución de hipoclorito, observó que una solución conteniendo 100 ppm de cloro, a pH 10 no destruye a los esporos dentro de las 2 horas, mientras que una solución con 10 ppm a pH 8,7 o una solución con 3 ppm a pH 5, los destruía en 30 minutos.

Charlton y Levine (1935), observan que una solución de hipoclorito conteniendo 1000 ppm de cloro a pH 11.3, necesita de 70 minutos para matar el 99% de esporos de Bacillus metiens, mientras que esa misma concentración a pH 7,3 cumple el mismo objetivo en menos de 20 segundos.

Con las cloraminas ocurre algo similar, con la disminución del pH se incrementa la formación de dicloroamina, que es más efectiva que la monocloroamina. Con 250 ppm de cloro se logra un efecto desinfectante a pH 7, mientras que con pH 7,5 se requiere de 500 a 1000 ppm de cloro para lograr el mismo efecto.

El factor concentración no afecta tanto la actividad como el pH, pero está relacionado al mismo. Otro ejemplo entre relación de estos factores puede observarse en la Tabla 2, donde a pH constante de 8,3 se consignan los tiempos de mortandad en minutos de diferentes concentraciones de cloro sobre el S.aureus, manteniéndose constantes otras condiciones (temperatura, presencia de sustancias extrañas, etc.).

CUADRO 2

ppm de Cl	Tiempo de mortandad min.
50	31,5
250	15,5
500	8,5
1000	4,4
1500	2,7

Pero, una solución de 50 ppm a pH 6,4 produce la mortandad en un tiempo de 2,15 min., es decir, aproximadamente igual a una solución de 1500 ppm a pH 8,3. Esto es importante en el ahorro de un compuesto clorado.

Se tendrá presente, que una solución de 50 ppm de cloro en agua (por dilución de lavandina) se halla alrededor de pH 6, mientras que una solución de 1500 ppm en agua se halla en zona francamente alcalina.

Se sabe que es suficiente una cantidad escasa de cloro para desinfectar el agua, lo que ya señala un coeficiente bajo de concentración, en efecto, doblando la concentración de cloro, se reduce un 50% el tiempo de su acción, siempre que se trabaje en condiciones constantes, lo que indica un coeficiente n = 1, (Cnt=K), es decir que es poco afectado por el cambio de concentración.

La temperatura también influye sobre la actividad de estos compuestos, un aumento incrementa la efectividad, según la sustancia en estudio, siendo más marcado a pH alcalinos.

Se ha observado que en condiciones constantes un aumento de 10° C, permite una reducción de un 60% del tiempo de muerte.

En presencia de sustancias orgánicas se disminuye marcadamente la actividad, dado que las mismas consumen el cloro disponible, siendo más evidente en soluciones con bajo tenor de cloro.

Por ello es aconsejable limpiar previamente los elementos a desinfectar con estos compuestos.

Otros compuestos clorados como las cloraminas, son menos susceptibles a estas sustancias y retienen mejor la actividad.

Las sustancias nitrogenadas bloquean al cloro de su acción antibacteriana, pero si hay aminogrupos presentes, el producto resultante será un N-cloro-derivado, y de esta forma el cloro retiene a niveles reducidos su actividad, lo que explica su acción en aguas residuales.

Los sulfuros, nitritos, tiosulfatos y sales ferrosas, hacen perder la actividad del cloro. Los iones Mg y Ca componentes del agua dura, no muestran efecto en la actividad del cloro, por lo menos pruebas llevadas a cabo entre 0 y 400 ppm de dureza, así lo demuestran.

Parecería que la mezcla de halógenos, tal como el añadido de bromo o iodo a las soluciones de cloro, incrementan su acción; esto ha sido visto en el agregado de bromuro sódico a una solución de hipoclorito, resultando en una elevada efectividad microbicida, aun sobre bacterias que eran resistentes al cloro y bromo separadamente, lo mismo ocurre con el añadido de iodo.

DERIVADOS DEL CLORO:

Existe una amplia variedad de compuestos, además del cloro que, aun siendo un gas, se provee en solución en contenedores de acero. Los más antiguos y más utilizados son los hipocloritos, que poseen las ventajas de ser desodorizantes, no tóxicos en las concentraciones de uso, incoloros, económicos y fáciles de manejar.

Se emplean las sales sódicas, cálcicas o de litio. Las sales sódicas suelen utilizarse en algunos casos combinadas con fosfato trisódico en forma de polvo; las sales cálcicas y de litio son más estables que las sódicas.

En la tabla 3 se especifican los diferentes derivados con el % de cloro disponible y la cantidad necesaria de los mismos para obtener una solución con diversas ppm de cloro.

CUADRO 4

Sustancias clorógenas	% de Cl dispon.	Cant.Sust.añad/Lt para sol. de ppm de Cl		
		100	10	5
Hipoclorito de calcio	70	g 0,15	g 0,015	g 0,0075
Hipoclorito de litio	35	g 0,075	g 0,0075	g 0,0004
Hipoclorito sódico (Dakin)	0,5	ml 20	ml 2	ml 1
Hipoclorito sódico concen. (lav.concen) *	6	ml 1,70	ml 0,17	ml 0,089
Hipoclorito sódico concen.	10	ml 1	ml 0,1	ml 0,05
Fosfato trisódico clorinado	3,25	g 3,5	g 0,35	g 0,175
Dióxido de cloro decahidratado	17	g 0,60	g 0,06	g 0,03
Cloramina T	25	g 0,40	g 0,04	g 0,02
Dicloramina T	58	g 0,20	g 0,02	g 0,01
Succincloramina	50	g 0,20	g 0,02	g 0,01
Dicloroisocianurato sódico	60	g 0,17	g 0,017	g 0,0085
Dicloroisocianurato sódico dihidritado	55	g 0,20	g 0,02	g 0,01
Tricloroisocianúrico ácido	90	g 0,12	g 0,012	g 0,006
Acido p-sulfondicloramido benzoico	50	g 0,20	g 0,02	g 0,01
1-3-dicloro-5-5-dimetilhidantoína (Halane)	66	g 0,15	g 0,015	g 0,0075

Cuadro 4 (continuación)

Sustancias clorógenas	% de Cl dispon.	Cant.Sust.añad/Lt para sol. de ppm de Cl		
		100	10	5
1-3-dicloro-5-5-dimetil-hidantoína (Antibac)	16	g 0,60	g 0,06	g 0,03
Triclorome-lamina	90	g 0,12	g 0,012	g 0,006

*Dado que las soluciones de hipoclorito (lavandinas) halladas en el comercio, decaen con el tiempo, —a los 3 meses, aproximadamente, el 30% de las más concentradas (más de 80 gr/L) y 10% de las menos concentradas (menos de 40 gr/L)—, es aconsejable, en caso de no poder ser tituladas, emplear una cantidad aproximadamente doble a lo estipulado en tabla.

La combinación del cloro con nitrógeno amoniacal da lugar a la formación de cloraminas inorgánicas, compuestos que fueron utilizados en la desinfección de aguas residuales; la proporción de sustancias reactantes, pH y tiempo influyen notablemente en esa formación produciéndose mono y dicloroaminas, éstas últimas son más efectivas como germicidas dada la baja constante de hidrólisis de las monocloroaminas que no dan lugar a la producción de suficiente cantidad de ácido hipocloroso.

Más estables son las cloraminas orgánicas que se producen por unión del ácido hipocloroso con grupos sulfonamidos, heterocíclicos y aminas condensadas.

Entre ellas tenemos a la Cloramina-T, que es la p-toluensulfoncloroamina sódica, la Dicloramina-T, que es la p-toluensulfondicloramida, la primera es mucho más soluble en agua que la segunda, cuya escasa solubilidad hace que se la reserve en formulaciones de tipo graso.

Otro producto es la p-sulfondicloramnida del ácido benzoico, llamado Halazone, que fue muy utilizado en la Primera Guerra Mundial, como desinfectante de agua de cantimploras; se presenta en tabletas de 4 mg, que alcanza para desinfectar 1 litro de agua durante 30 minutos de contacto. Esta sustancia es suavemente soluble en agua siéndolo más con el añadido de cloruro de sodio, que es parte integrante de la tableta.

Todos estos compuestos son derivados del grupo sulfonamido, entre los heterocíclicos tenemos a:

1-3-Dicloro-5-5—dimetilhidantoína, conocido con el nombre de Halane y Antibac, la succincloroimida; los derivados clorados del ácido cianúrico: Dicloro y Tricloroisocianúrico, el primero en sus sales sódicas o potásicas y la Tricloroamelamina.

Los compuestos mencionados varían en cuanto a su solubilidad en el agua; con excepción de las sales sódicas o potásicas del Dicloroisocianúrico, todos son suavemente solubles.

Los cloroisocianuratos se utilizan con éxito en el campo del saneamiento, ya sea solos o combinados en formulaciones, en industrias, hospitales, lavaderos, casas de comida, etc. El dicloroisocianurato, en forma similar a lo que sucede con el hipoclorito se disocia en agua dando ácido hipocloroso, monocloroisocianurato y otros iones cianuratados; ésta disociación se halla en relación con el pH. No obstante, si recordamos que a pH 6 más del 95% de ácido hipocloroso está disociado en la solución de hipoclorito, en el diclorocianurato se halla disociado aproximadamente en un 50%; lo que según Blomfield, permitiría deducir que la relación entre actividad, pH y cloro disponible no debe ser igual en los diferentes clorógenos, y que si bien el dicloroisocianurato sódico mostró en algunas experiencias una actividad mayor que la solución de hipoclorito, podría ser como resultado de una acción adicional ejercida por residuos de isocianuratos presentes en la solución y cloro.

Entre los derivados de aminas condensadas provenientes de guanidina tenemos al Cloroazodin que es la N,N'-dicloroazodicarbonamidina, que también es suavemente soluble en agua y sus soluciones se descomponen por excepción a la luz.

Posee una acción antimicrobiana sostenida y suave

con poca toxicidad sobre los tejidos. Comparándolo con el ácido hipocloroso, es menos afectado en presencia de sustancias orgánicas a diferentes niveles de Ph; por tal motivo fue aconsejado para el lavado de heridas.

Otro producto orgánico con elevado porcentaje de cloro disponible, es la Tricloromelamina, que es un compuesto estable a temperaturas elevadas, moderadamente soluble en agua, que al hidrolizarse, sobre todo a pH ácido, libera ácido hipocloroso; la materia orgánica lo afecta suavemente, pero a temperaturas bajas (5°C) actúa muy bien.

Un derivado clorado con capacidad oxidante elevada, 2,5 veces superior al cloro, recomendado , sobre todo para la desinfección de agua, es el Dióxido de Cloro (O_2Cl), su principal ventaja reside en el hecho de que no forma, como el cloro, Trihalometanos, con las sustancias húmicas presentes en el agua, ni cloraminas con sustancias amoniacales. Se lo utiliza en forma similar a los otros compuestos clorados.

El primer informe sobre su aplicación en el tratamiento del agua de bebida fue realizado en 1944. Posteriormente se lo utilizó en diversas regiones de los Estados Unidos y también en Europa.

En forma líquida es de color rojizo y sus vapores concentrados pueden ser explosivos a la presión atmosférica. Por esta característica y ante los fracasados intentos de lograr un compuesto estable comercialmente, su preparación se efectúa extemporáneamente a partir del clorito de sodio y del cloro gaseoso o en solución, en el lugar de su aplicación; la reacción que se forma es la siguiente:

$$2Na\ ClO_2 + Cl_2 \rightarrow 2\ ClO_2 + 2ClNa$$

pudiéndose producir, además, clorato como producto colateral no estable.

Una solución que contenga alrededor de 10 g/lt de O_2Cl no posee una tensión de vapor suficiente que represente un peligro explosivo.

En la práctica de la desinfección del agua, la solución concentrada contiene unos 4 g/lt y los niveles de tratamiento se encuentran entre 0,1 y 5 ppm.

Se solubiliza fácilmente en el agua con una coloración verdosa amarillenta, las soluciones acuosas son bastante estables a temperaturas frías; a pH 6 su estabilidad se incrementa.

En la desinfección del agua puede usarse antes de la sedimentación y posteriormente durante su distribución.

En contraste a lo que ocurre con el cloro, este compuesto no se hidroliza en el agua, sino que existe como gas disuelto.

El dióxido de cloro puede reaccionar con compuestos inorgánicos y orgánicos reducidos, oxidándolos, tal como ocurre con manganeso, hierro, sulfuros, etc. Con las sustancias orgánicas, además de producirse una oxidación primaria, se producen reacciones de sustitución electrofílica, resultando una serie de compuestos, y entre ellos, pero en baja cantidad, no significativa, Trihalometanos.

Estas sustancias representan un 25% de los compuestos clorinados orgánicos totales, formados cuando el cloro libre reacciona con las sustancias húmicas, mientras que con dióxido de cloro, si bien no se producen significativamente, se forma algo de compuestos orgánicos totales, aproximadamente entre el 1 y 25% de estos mismos compuestos, producidos en la reacción con el cloro libre.

Se señala que la no formación de Trihalometanos, es debida a que el O_2Cl reacciona con el precursor de los mismos anulando su reactividad para la producción final de esas sustancias.

Es un microbicida muy efectivo en las dosis habituales, siendo igual o superior al cloro. También es efectivo en el control de sabores y olores del agua.

Asimismo, se usa para controlar biofilms, que es importante en el tratamiento del agua (por incrementar corrosión, sabores, etc). Es activo frente a quistes de protozoarios y virus. En síntesis, brinda una excelente alternativa para la desinfección del agua.

Según Hoff y Geldreich, en el estudio de la eficiencia de biocidas sobre el agua, se determinó que: ozono > dióxido de cloro > cloro>cloraminas; mientras que para la estabilidad el orden sería: cloramina > dióxido de cloro > cloro libre > ozono.

Como desventaja podemos mencionar las de índole económicas y su producción que debe hacerse extemporáneamente en el lugar de uso.

Usos de los compuestos clorados: todos los compuestos se emplean principalmente para la desinfección de aguas de bebidas; luego de satisfacer la demanda normal de cloro (ver capítulo de agua), el margen de seguridad se logra con 0,2 a 0,5 ppm de cloro disponible..

En general, la clorinación de las aguas depende de la demanda de cloro de las mismas (ver capítulo de agua), en el caso de aguas de bebidas y piletas de natación, el margen de seguridad se logra manteniendo en forma constante un cloro residual libre entre 0,2 y 0,5 ppm.

Esa demanda de cloro está relacionada con la cantidad de compuestos amoniacales presentes en el agua y teóricamente se satisface en el **break point**; para alcanzar esto se requieren aproximadamente 10 partes de cloro por cada parte de amonio presente. En el caso de ciertos efluentes constituidos por desechos cloacales, pueden contener 50 ppm de compuestos amoniacales, por lo que se requerirá 500 ppm de cloro para el break point; y se tratará de no añadir exceso de este elemento por los efectos tóxicos en el ambiente acuático.

El empleo de cloro en concentración aproximada de 250 ppm se lleva a cabo en las industrias lácteas y alimentarias para la desinfección de equipos y ambiente.

También se emplea como sanitizante en los lavados de utensilios de casas de comida y de ropa en concentración de 50 ppm.

IODO:

Al igual que el cloro, ha sido ampliamente utilizado en medicina durante muchísimo años; se encuentra codificado en las diferentes farmacopeas del mundo como solución débil de iodo y solución fuerte de iodo, que en nuestra farmacopea se encuentra con una concentración de 2 y 7% respectivamente.

Como antimicrobiano se lo utiliza más como antiséptico que como desinfectante; pero hay una tendencia cada vez mayor de emplearlo como agente desinfectante y sanitizante en ambientes de establecimientos, sobre todo, agrícolas y alimentarios.

Posee una gran capacidad germicida, dada su alta reactividad . Al igual que el cloro, es más microbicida que microbiostático, siendo activo sobre bacterias Gram positivas y negativas, esporos, hongos, quistes de protozoarios y virus.

Es poco soluble en agua, acción que se ve favorecida con el añadido de ioduro de potasio. Estas soluciones son de color marrón oscuro y tiñen profundamente la epidermis. Puede ser irritante en algunas superficies cerámicas y mucosas.

Si comparamos con el cloro, el sistema iodo-agua es más complejo; la formación de ácido hipoiódico se realiza fácilmente a temperatura ambiente, pero constantemente se produce ión triioduro (I_3), que afecta grandemente el comportamiento químico de éste halógeno.

En resumen, según Gottardi, en soluciones acuosas se hallan presentes diferentes moléculas que tienen propiedades antimicrobianas, como ser: Iodo molecular (I_2); ácido hipoiodoso (HOI) y el catión hidratado $HB2OI^+$, en concentraciones bastante más bajas que el ácido hipoiodoso,por lo que no participa en forma importante en la desinfección. También se forman iones hipoiodito (OI^-0, triioduro(I_3) que manifiestan muy escasa actividad antibacteriana, y ioduro (I^-) sin ninguna acción.

La concentración de iodo molecular y ácido hipoiodoso presentes en la solución a 25°C depende del pH del medio y la presencia de otras sustancias que pueden interferir en el equilibrio.

Este mismo autor comparó, en soluciones a 25°C, a

diferentes pH, el equilibrio de concentraciones entre las moléculas de halógeno, ácido hipohaloso no disociado y disociado del iodo y cloro, la relación es la siguiente:

Sol. iodo 1 ppm				Sol. de cloro 0.3 ppm		
pH	I2	HOI	OI^-	Cl_2	HOCl	OCl^-
3	98,8	1,2	-	-	100	-
6	69,3	30,5	-	-	97,1	2,8
9	0,7	97	-	-	3,3	96,7

Se observa el equilibrio de hidrólisis en la acción desinfectante del iodo, sobre todo en concentraciones diluidas, ya que disminuye en la zona alcalina de 4 a 5 veces, como se deduce de su coeficiente de fenol.

Se acepta que en su modo de acción, existen reacciones con grupos nitrogenados básicos y grupos sulfhidrilos de aminoácidos, dando lugar a N-iododerivados y disulfuros, respectivamente; asimismo, también se forman mono y diiododerivados de grupos fenólicos de aminoácidos y uniones a dobles ligaduras de ácidos grasos no saturados, alterando en general, las propiedades físicas de las membranas.

La desventaja de esta sustancia, en cuanto a toxicidad, irritabilidad, tinción, etc, ha sido mejorada con otros derivados del iodo, tal el caso de los **Iodóforos**, que son compuestos en el cual el iodo se solubiliza con agentes tensioactivos, transformándose, además, estos compuestos en reservorios de iodo, el cual se libera en forma sostenida.

Estos agentes vehiculizadores son polímeros neutros entre los que comúnmente se encuentran polivinil-pirrolidonas, alcoholes polivinílicos, poliamidas, etc.

La povidona iodada es un polímero complejo de iodo con polivinil pirrolidona, que es un compuesto pulverulento tostado amarillo, muy soluble en agua y alcohol con un 10% de iodo libre. En solución libera iodo orgánico lentamente con amplio espectro antimicrobiano, también activo sobre protozoarios. Posee la actividad y efectividad del iodo libre, pero menos irritante sobre piel y mucosas, eliminándose fácilmente con agua el tinte que deja.

Resiste mejor que el iodo puro, la presencia de sustancia orgánica, como sangre, pus, etc. Las acciones se deben al complejo y al iodo.

Por la acción compleja del polímero y la formación de micelas, la concentración de iodo libre disponible (bajo forma de I_2 -HOI-IO^- y I_3) se reduce en las soluciones acuosas, disminuyéndose las desventajas de las soluciones de iodo puro.

El porcentaje de iodo complejo no es una constante a cualquier concentración, ya que va disminuyendo con la dilución. En una solución de iodo-povidona 10% se encuentra una concentración de iodo libre de 2ppm, que va subiendo unas 10 veces cuando se diluye 1/100 (ver tabla 4).

CUADRO 5

Dilución de una sol. iodo-povidona 10%		Concentración de iodo-povidona %	ppm Iodo libre	ppm Iodo total
Sol. Pura		10	2	10600
52	%	5	3,75	5080
10	%	1	7,60	1066
5	%	0,5	2,70	635
1	%	0,1	23	106
0,5	%	0,05	23	58,42
0,25	%	0,025	17,8	25,40
0,1	%	0,01	6,37	6,37
0,05	%	0,005	5	5
0,025	%	0,0025	2,54	2,54
0,010	%	0,0010	1	1

En ulteriores diluciones disminuye y por debajo de 0,01% la solución de iodopovidona es comparable a una simple solución acuosa de iodo. Es decir, que cuanto más concentrada es la solución de iodóforo habría menos iodo libre y teóricamente menos poder desinfectante, existieno una concentración máxima de iodo libre de 23 ppm en la solución 0,1% y que no puede excederse.

No obstante, en experiencias realizadas por nosotros, se observó que tanto las soluciónes de 5 ppm y 25 ppm como las soluciones concentradas mostraban similar actividad en la destrucción de bacterias vegetativas.

Lo que no quiere decir que una solución concentrada no posea efecto, lo que ocurre es que, en la desinfección, la presencia de mayores concentraciones de iodo permitiría que el antagonismo existente con las sustancias orgánicas extrañas se realice con parte de este elemento, pero siempre queda iodo suficiente para ejercer el efecto desinfectante.

En las diluciones de sol. povidona 10%, al 2,5%, 1% y 0,5%, el añadido de un 5% de caldo nutritivo concentrado 10 veces, redujo la concentración de iodo en aproximadamente 60%, 95% y 98% respectivamente y de la misma manera, su eficiencia, que disminuye gradualmente a la cantidad de iodo presente.

En ensayos realizados por nosotros, sobre diversos microorganismos, con soluciones diluidas de povidona se observan los siguientes resultados:

CUADRO 6

TIEMPO DE MUERTE DE DISTINTAS DILUCIONES
DE IODO-POVIDONA 10%
EXPRESADOS EN SEGUNDOS Y MINUTOS

Microorganismos	Dil. de sol. povidona 10%			
Susp. 10^8 / ml	0,025	0,050	0,10	0,50
V.cólera	10 m	5 m	1 m	<30s
E.coli	10 m	5 m	30 s	<30s
S.typhi	2 m	1 m	<30 s	<30s
S.aureus	10 m	2 m	1 m	<30s
P.aeruginosa	15 m	10 m	5 m	<30s

Si bien los compuestos de iodo se utilizaron en la desinfección, a partir del año 1900, el empleo de los mismos en piletas de natación data de la década de 1950, en especial mezclados con cloro; en efecto, la mezcla de ioduro de potasio y compuesto clorado libera iodo libre y ácido hipoiodoso, como resultado del cual, el iodo libre es constantemente regenerado, ya que este elemento, al ponerse en contacto con sustancia orgánica o microorganismos se reduce a ioduro que vuelve a reoxidarse; el ciclo puede continuar mientras haya exceso de cloro disponible cuya principal función es la de permitir este reciclaje más que obrar como desinfectante.

COMPUESTO DE IODONIO:

Son compuestos en donde el iodo se encuentra unido a un radical orgánico, constituyendo un catión, unido a un anión orgánico o inorgánico: $(R_2I)^+ X^-$, en forma similar a los compuestos de amonio cuaternario. El elemento activo es el iodo en su estado oxidado (trivalente). No son afectados por el tiosulfato de sodio, poseen buena acción bacteriostática, si bien en algunos casos obran como bactericidas, también poseen buena acción antifúngica.

Como ejemplo se encuentran: cloruro de difeniliodonio y cloruro de diclorofeniliodonio.

Otros preparados de iodo, permiten en solución acuosa, la liberación de este elemento pudiéndoselos utilizar principalmente en la desinfección de agua; pueden resultar de ciertas combinaciones, tal como dicloroaminas combinadas con ioduros, que originan compuestos muy efectivos en la desinfección de sistemas de distribución de agua de bebida. A pH 7,5, las cloraminas formadas como consecuencia de la acción del cloro libre y sustancias amoniacales del agua, son menos efectivas en su acción microbicida que el cloro libre y que el iodo. A ese mismo pH, la combinación de cloraminas con ioduros, incrementa de 5 a 10 veces la acción microbicida (por formación de ácido hipoiodoso).

La relación cloramina-ioduro es aproximadamente de 1 a 2,5 ppm respectivamente. Comercialmente existe un producto sanitizante denominado "Heliogen", que se ofrece en tabletas y está constituido por ioduro de potasio y cloramina T.

También para piletas de natación existe un producto similar "Hio-Dine", formado por ioduro de potasio y Halane como oxidante; como ventaja sobre el cloro libre, se encuentra su escasa reacción con grupos nitrogenados, no dando lugar a la formación de compuestos no deseables que producen irritación sobre las mucosas, olor y sabor desagradables; además de ser un buen desinfectante no es peligroso su almacenamiento ya que es un compuesto sólido. Como desventaja se encuentra el hecho de ser poco algicida y de dar un color amarillo pardusco a las aguas.

El iodo, también es utilizado en la desinfección del agua en pequeña escala, a través de su unión con resinas intercambiadoras de iones. Estas resinas pueden ser de dos tipos principales, ya sea que intercambien cationes (como en los ablandadores de agua) o que intercambien aniones (como el I_3 por el cloruro, resinas que se fabrican a partir de polímeros de estireno), principalmente se utiliza este tipo de resinas que tiene el grupo funcional amonio cuaternario con carga positiva, el cual se une al anión con carga negativa. Cuando la afinidad relativa para un anión se extiende hacia otro, en este caso la captación del triioduro, es más elevada que la del cloruro, ocurriendo el intercambio de anión.

Según Hach estas resinas polihaluros constituidas principalmente por I_3, (pueden existir otras con I_5 e I_7) se consiguen con el añadido de una cantidad exacta de INa sobre el iodo. Estas resinas son muy activas en la destrucción del Vibrio cholerae, S. typhimurium, E. coli, P. aeruginosa, S. aureus, S. faecalis. También se mostró activa, aunque en menor grado, sobre quistes de giardias.

Otras resinas halogenadas, como ser con el bromo, también demostraron ser muy efectivas. Asimismo, se han elaborado también, con otros polímeros, tal como la polivinilpirrolidona.

Estos compuestos se emplean en períodos cortos, por ejemplo, en jarras con el elemento filtrante (para evitar una ingesta prolongada del iodo que podría interferir con el metabolismo tiroideo).

En nuestras experiencias hemos observado prácticamente la destrucción total de microorganismos ambientales y coliformes provenientes de aguas superficiales (río) al pasar por un filtro conteniendo este tipo de resina.

En muchos países se emplea el iodo a través de la formación de cristales de iodo diatómico resublimado, purísimo, que se colocan en un receptáculo el cual libera iodo de manera tal que produce una concentración constante de este elemento. De esta forma hemos constatado que concentraciones bajas de iodo comprendidas entre 0.3 y 0.5 ppm desinfectan el agua de consumo sin aportar elevadas cantidades del mismo que podría traer efectos colaterales.

BROMO:

Ha sido preconizado como desinfectante de agua, en forma similar a los otros halógenos; en solución predomina el ácido hipobromoso a pH inferior a 8,7. Con sales amoniacales da lugar a la formación de bromoaminas; el iodo, en cambio, no forma iodoaminas.

En forma limitada se ha usado para desinfección de piletas de natación y determinadas aguas industriales. Es activo frente a bacterias entéricas, virus entéricos y protozoarios. Al respecto, la eficacia desinfectante de los 3 halógenos sobre estos microorganismos existentes en el agua, durante 10 minutos a 25 °C, es la siguiente:

Bacterias entéricas:

$HOCl$ — $HOBr > I_2 > BrNH_2 > ClNH_2$

Virus entéricos:

$HOCl$ — $HOBr > I_2$

Protozoarios:

$HOCl$ — $HOBr$ — $I_2 > Br > Cl_2$

El empleo práctico de este elemento, al igual que el iodo, aún no ha tenido amplia aceptación.

OZONO:

Es un gas inestable producido in-situ por descargas eléctricas sobre el oxígeno. Es efectivo como bactericida y para eliminar sabores y olores. Algunos países lo emplean en la desinfección del agua, pero hay problemas de costo.

Su mayor desventaja es que no persiste mucho tiempo en agua y decae con sustancias reductoras, por lo que muchas veces, en los sistemas de aguas se requiere un post tratamiento con cloro.

Es efectivo cuando su demanda se satisface, su acción no se afecta entre los pH 5 y 8. Las aguas ligeramente turbias no afectan la efectividad del ozono.

Un agua de alta calidad puede requerir entre 0,25 y

0,50 ppm de ozono; si el agua es buena requerirá entre 2 y 3 ppm y si es de calidad pobre, entre 2,5 y 5 ppm (en ambos casos, luego de la filtración).

La susceptibilidad de los virus es variable, algunos son más susceptibles que otros y en tiempo de segundos.

El empleo de este elemento puede ser prometedor como agente complementario del cloro en la desinfección del agua; es extremadamente efectivo con todos los microorganismos de importancia sanitaria, destruyendo, además, las materias orgánicas. Su efectividad se manifiesta luego de la determinación previa de la demanda de ozono en el agua, lo que constituye una desventaja.

OTROS OXIDANTES:

Peróxido de hidrógeno o agua oxigenada: agente inestable oxidante, con fuerte acción germicida, en especial sobre microorganismos anaeróbicos.

Se lo ha utilizado como antiséptico, pero las catalasas existentes en los tejidos bloquean su acción, sobre todo cuando se halla en concentraciones bajas, por lo que se abandonó su empleo con esa finalidad; no obstante, se lo utiliza como desinfectante de objetos (implantes, lentes de contacto, etc) y también como conservador en leche. Una concentración de peróxido de hidrógeno al 0,1% reduce la flora bacteriana total en 99,999% en 30 minutos a 54°C.

Con el nombre de perhidrol, se lo encuentra en el comercio en forma concentrada y corresponde a una concentración de 30% de peróxido de hidrógeno p/v (equivalente a 100 Volúmenes de Oxígeno). La solución simple se dispensa en concentración de 3% (equivalente a 10 Volúmenes de Oxígeno), que es un desinfectante efectivo estable con un D para el S. aureus de 2,50 y de 0,45 para P. aeruginosa.

Muchos informes sostienen que su acción no es debida a la molécula de H_2O_2 sino a la producción de radicales libres de OH^- con acción altamente reactiva y que ataca lípidos de membranas, ADN y otros componentes celulares esenciales. Las catalasas y peroxidasas inactivan la acción.

Soluciones más concentradas pueden obrar como esporicidas. Toledo, experimentando con H_2O_2 al 25,8% compara los D de esporos de diferentes microorganismos y del S. aureus, obteniendo los siguientes resultados: B. subtilis: 7 minutos, B.subtilis var. globigii: 2 minutos, B. stearothermophilus: 1.5 minutos, Clostridium sp.: 48 segundos y S. aureus: 12 segundos.

En cuanto a la influencia de la temperatura, con concentraciones de 25,8% sobre esporos B. subtilis var. globigii, se observó que el D es:

24°C	3	minutos
35°C	1,2	minutos
45°C	18	segundos
56°C	10	segundos

PERMANGANATO DE POTASIO:

Compuesto ampliamente utilizado en el pasado como desinfectante y antiséptico de amplio espectro antimicrobiano. Es bactericida entre el 0,001 y 0,03% en 1 hora o menos; buen fungicida al 0,01% y también activo sobre los virus en concentraciones variables del 0,001% al 1%. También es excelente algicida, superior al sulfato de cobre, concentraciones del 0,001% destruyen a las algas en unas 5 horas. Sobre Vibrio cholerae y Escherichia coli hemos observado que una dilución 1/100.000 produce la mortandad en 5 minutos pero no en 1 minuto.

La sustancia orgánica afecta su acción, dependiendo de la concentración del principio activo presente.

Su capacidad está relacionada con su poder de oxidación; presenta inconveniencia de tinción, y por otra parte el residuo de Mn puede tener actividad tóxica en casos de ingestión, en estos casos otro inconveniente sería el sabor desagradable.

ÁCIDO PERACÉTICO:

Es un compuesto que hoy día se lo utiliza ampliamente como desinfectante de amplio espectro. Se halla constituido por una mezcla estabilizada de peróxido de hidrógeno en ácido acético glacial; en forma concentrada posee características pungentes, pero en dilución de uso es prácticamente inodoro.

Es miscible con el agua y muy eficaz a temperaturas bajas, en la dilución en que se lo emplea y aún en contacto con residuos orgánicos, se manifiesta estable mucho más que los compuestos halogenados, no siendo tan afectados como estos por las sustancias orgánicas.

Las levaduras, mohos y esporas bacterianas son sensibles a este compuesto, también los virus son inactivados.

Reacciona con las proteínas de las paredes celulares microbianas y penetra al interior como ácido disociado, oxidando a los diferentes sistemas enzimáticos.

Es compatible en sus diluciones de uso con otros ácidos inorgánicos utilizados en limpieza; no ataca al aluminio, acero, níquel ni hierro estañado, por lo menos en concentración del 1%; en cambio no se lo recomienda para galvanizados ni cobre, ni sobre materiales de goma.

Los plásticos no son afectados.

El producto concentrado es al 40% y es estable a temperaturas comprendidas entre -20°C y 35°C, en frascos bien cerrados en lugares frescos, durante 1 año. Posee un pII inferior a 1. Las diluciones en agua corriente con 0° hidrodimétricos franceses dan los siguientes pH:

5%	=	2,7
3%	=	2,86
1%	=	3,16
0,1%	=	3,73
0,05%	=	3,98

incrementándose el pH con aguas más duras.

Es muy utilizado como desinfectante en industrias

alimentarias, sobre todo en conjunción con limpiadores, como así también para la desinfección de alimentos en diluciones del 0,5% al 1%, en especial porque no deja residuos.

En nuestro laboratorio se obtuvieron las siguientes sensibilidades microbianas a este compuesto:

ACTIVIDAD DE LAS DILUCIONES DE "ACIDO PERACÉTICO 40%"

(TIEMPO DE MUERTE EXPRESADO EN SEGUNDOS (S), MINUTOS (M) Y HORAS (H)

Microorganismos	Dilución en %			
	0,01	0,1	0,5	1
V. cólera	-30 s			
E. coli	2 m	-30 s		
S. typhi	2 m	1 m	-30 s	
K. pneumoniae	3 m	1 m	-30 s	
P. vulgaris	2 m	-30 s		
S. marscesens	15 m	5 m	30 s	-30 s
P. aeuruginosa	5 m	1 m	-30 s	
S. aureus	10 m	2 m	-30 s	
L. monocytogenes	5 m	-30 s		
B. subtilis	2 h	2 h	30 m	15 m
C. albicans	2 h	30 m	2 m	- 2 m
A. niger	2 h	2 h	5 h	- 5 h

Nota: 30 segundos fue el tiempo mínimo de la determinación.

El compuesto también es activo en la desinfección de agua, pudiéndoselo utilizar en concentración del 0,01% con un tiempo mínimo de contacto de 5 minutos.

En las concentraciones de uso, es poco tóxico sobre la epidermis, no produce irritaciones, no así sobre las mucosas, evitándose el contacto con los ojos.

Comparándose la actividad en varios perácidos con el peróxido de hidrógeno, se ha demostrado que el peracético es mucho más activo que éste y 10 veces más activo que otros perácidos.

Es así que en su acción esporicida frente a esporos de Cl. perfringens a 20°C tenemos que:

Peracético 200 ppm (sol. 0,5%) mata en 30 seg.
H_2O_2 3000 ppm (sol. 1%) mata en más de 120 min.
Formol 3700 ppm (sol. 1%) mata en más de 120 min.
Cloro 440 ppm mata más de 120 min.

REFERENCIAS BIBLIOGRÁFICAS

HALÓGENOS:

BLACK A.P.
Swimming pool disinfection of water.
Water Sewage Works, 108:286:1961.

BLONFIELD S.F., MILES G.A.
The antebacterial properties of sodium dichloroisocyanurate and sodium hypoclorite formulations.
Jour.Appl.Bacteriol. 46:65-73:1979.

CHANG S.L., MORRIS J.C.
Elemental iodine as a disinfectant for drinking water.
Ind. and Eng.Chem. 45:1009:1953.

D'AQUINO M.
Sobre las medidas químicas de profilaxis del Cólera.
Ciencia hoy, 3:17:1991.

DEATH I.F., COATES D.
Effect of pH on sporicidal and microbicidal activity of buffered mixtures of alcohols and sodium hypochlorits.
Jor. of Clinic.Pathol. 32:148-151:1979.

DYCHADALA G.R.
Chlorine and chlorine compounds in: Disinfection, Sterilization and Preservation.
S.S.Block: Lea & Febiger 3era. Ed. 1983.

GOTTARDI W.
Iodine and Iodine compounds, in Disinfection, Sterilization and Preservation.
S.S.Block: Lea & Febiger 3cera.Ed.1983.

GOTTARDI W.
On the usability of N-iodo compounds as disinfectans.
Zentralbl.Bakt.Hyg.I.Abt.Orig.B.167:216-223:1978.

GOTTARDI W.
Redoxpotential and germicidal action of aqueous halogene solutions.
Zentralbl.Bakt.Hyg.I.Abt.Orig.B.170:498-507:1981

HATCH G.L.,
U.S.Patent 4.594.392.1986.

KORELUK K. BORISENOK W.S>
The antimicrobial activity of monochloramines.
Dev.Ind.Microbiol. 24-1983.

MC CULLOCH E.
Disinfection and Sterilization
Lea & Febiger. Ed. 1936.

MORRIS J.C.
Future of chlorination.
Jour.Amer.Water Works Asoc. 58:1475-1482:1966.

NORMAN Y.S., HARMS L.L., LOOYENGA R.W.
The use of chloramines to prevent THM formation.
Jour.Amer.Water Works Asoc. 72:176-180:1980.

ORTENZIO L.F.
Available chlorine germicidal equivalent concentration test.
J. Assoc. Off. Agric. Chem. 40:755-759:1957.

WEBER G.P.C., LEVINE M.
Factors affecting germicidal efficience of chlorine and Chloramine.
Amer.Jour.Public Health 34:719-728:1944.

Wolfe R.L., Ward R.N., Olson B.J.
Inorganic chloramine as drinking water disinfectans: A review.
Jour. AWWA. 76:74-88:1984.

Squatrito S., Vigneri R., Runello F., Ermans A.M., Polley R.D., Ingbar S.H.
Prevention and treatment of endemic iodine-deficiency goiter by iodination of a municipal water supply.
Jour.Clin.Endocr.and.Metabol. 63:368-375:1986.

OXIDANTES:

Baldey M.G.C.
The bactericidal, fungicide and sporicidal properties of hydrogen peroxide and peracetic acid.
Jour.Appl.BActeriol. 14:751-756:1971.

Callender M.G.
Contact lenses and care systems
Pharm Pract. 6:26-30:1990.

Dolara P., Ricci V., Burrini D., Griffini O.
Effect of ozonation and chlorination on the mutagenic potential of drinking water.
Bull.Environm.Contam.Toxicol., 27:1-6:1981.

Greenspan F.P., Mac Kellar D.G..
The application of peracetic acid germicidal washes to mold control of tomatoes.
Food Technology, marzo 1951: 95-97.

Kline L.B., Hull R.N.
The virucidal properties of peracetic acid.
Amer.Jour.of Clin. Pathol 23:30-33:1960.

Sluter J.T.
Ozone, an alternative to chlorine.
Water Poll.COnt.Fed.J. 46:4-6:1974.

SWER D.
Organic peracids.
Chem.Rev., 45:1-52:1949.

TOLEDO R.P., ESCHER F.E., AYERS J.C.
Sporicidal properties of hydrogen peroxide against food spoilage organism.
Appl Microbiol., 26:592-597:1973.

TURNER F.J.
Hydrogen peroxide and other oxidant disinfectants in disinfection, sterilization and preservation.
S.S.Block: Lea & Febiger 3cera. Ed. 1983.

WARDLE M.D., RENNINGER G.M.
Biocidal effect of hydrogene peroxids in space-craft bacterial isolates.
Appl.Microbiol 30:710-711:1975.

WENG CH.HOVEN D.D.,SCHWARTZ B.J.
Ozonation an economic choice for water treatment
Jour. AWWA 78:83-89:1986.

WING D.S., GELLATLY K.W.
Aids and contact lenses.
Can.Pharm.J. 121:105-106:1988.

CAPÍTULO 6

FENOLES Y DERIVADOS

Son compuestos que también causan daño de membranas afectando la permeabilidad de las mismas.

El fenol ocupó un importantísimo lugar en el campo de la desinfección, a partir de Lister en 1867; pero hoy día se utilizan más sus derivados, no obstante se lo continúa considerando como patrón en la comparación del poder germicida de otros compuestos (ver valoración de desinfectantes) dado que es una sustancia químicamente definida, estable y no deteriorable.

El fenol en concentraciones apropiadas es efectivo sobre las formas microbianas vegetativas, pero ofrece ciertas desventajas por su olor penetrante, irritabilidad y toxicidad sobre los tejidos.

Más importantes son los compuestos que derivan de él y cuyas potencias pueden compararse en la tabla 1.

CUADRO 1

COEFICIENTE DE FENOL DE DIVERSOS DERIVADOS FENÓLICOS SOBRE S. AUREUS

Fenol	1,0	o-cl-fenol	3,0
Metilfenol (cresol)	2,3	p-cl-fenol	4,3
2-4-Dimetilfenol (xilenol)	4,4	2-4Diclorofenol	12,7
4-n-Propilfenol	16,3	2-4-6Triclorofenol	25,0
4-n-Amilfenol	125,0	p-cl-m-xilenol	36,0

Resorcinol	0,4	o-fenilfenol	3,7
Hexilresorcinol	98,0	Timol	12,2

Donde puede observarse que la introducción de moléculas como alquílicas, polihidroxílicas, halógenos, etc, potencializa la acción del fenol.

Es así que tenemos a:

DERIVADOS ALQUÍLICOS

A partir del derivado metilado n-metilfenol (p-cresol) y a medida que la cadena alquílica se agranda, la actividad de estos compuestos va en aumento, pero hasta determinada longitud (n-amilo).

Por lo general los alquilfenoles con cadenas primarias rectas son más activos que sus isómeros secundarios o terciarios.

Los cresoles son los derivados alquílicos del fenol más simple, conociéndose el o-m-p-cresol en mezcla (tricresol); se obtienen por destilación del coal-tar y suelen emplearse emulsionados con jabón (ver creolina más adelante).

Relacionado al cresol se encuentra la creosota, que es una mezcla de cresol y guayacol y se obtiene de la destilación de la madera, posee una acción microbiana con resultados variables, empleándosela como conservador de madera por su acción contra eumycetes.

De los derivados dialquílicos del fenol tenemos a los isómeros del xilenol con una actividad mayor, pero no tanto como otros homólogos, a saber: timol y su isómero carvacrol, que son muy activos para las bacterias y hongos, sobre todo como microbiostáticos.

DERIVADOS HALOGENADOS:

La actividad de estos compuestos se incrementa aún

más con la introducción de halógenos en su molécula, jugando un papel importante la posición en que se encuentran ubicados los mismos; la posición para es más efectiva que la posición orto. Asimismo, la incorporación de otros átomos de halógenos aumenta la efectividad, pero hasta cierto nivel (tricloro) ya que con más halógenos no resulta en mayor actividad, pero incrementa su capacidad fungistática (pentaclorofenol).

La halogenación de los derivados dialquílicos cresol y xilenol aumenta significativamente la acción antimicrobiana; los coeficientes de fenol de esas sustancias que son de 2,5 y 5 respectivamente a 13,3 y 36 en el p-cloro-m-cresol y p-cloro-m-xilenol.

DERIVADOS DE DIFENILO (BIS FENOLES):

Provienen del fenil-fenol que pueden estar unidos directamente o bien por un puente metileno. Los primeros son los derivados del difenilo mientras que los segundos son del difenilmetano. El puente de unión también lo puede constituir un grupo de N o S.

Los derivados del difenilmetano fueron muy utilizados como antimicrobianos, conociéndose mejor los compuestos clorados, ya sea el dicloro (diclorofene), el tetracloro (tetraclorofene) y Hexacloro (hexaclorofene), conocidos comercialmente con los nombres de G4, G5 y G11 respectivamente, este último es muy activo sobre las bacterias Gram positivas.

Todos estos compuestos son poco solubles en agua, pero lo son más en soluciones jabonosas, habiéndoselos utilizados precisamente con estos elementos.

Son muy bacteriostáticos, pero en 1971 se observó que el hexaclorofene (G-11) si bien era efectivo para controlar al S. aureus en nurserías, se absorbía por la dermis de los bebés produciendo cuadros neurotóxicos, por lo que se limitó su uso. Podríamos considerar aquí derivados dibenzoclorados como la Triclorocarbanilida, empleada en jabones antisépticos con eficacia relativa (0,5 al 1,5%).

DERIVADOS DEL ÁCIDO HIDROXIBENZOICO:

Tal por ejemplo el ácido salicílico y ácido o-hidroxibenzoico que son más activos que el fenol, en especial los ésteres del ácido p-hidroxibenzoico (parabenos) que poseen una fuerte acción microbiostática, siendo ampliamente utilizados como conservadores en industria farmacéutica y alimentaria, toleran amplios cambios de pH y poseen muy baja toxicidad; algunos actúan más como antifúngicos (propilester), por lo que suelen utilizárselos en mezcla (metilester-propilester).

Son incompatibles con tensioactivos no iónicos y catiónicos. De los diferentes puede observarse en la tabla 2 el porcentaje de los diferentes compuestos que ejercen acción inhibitoria sobre una especie bacteriana y de hongo más resistentes, según Aalto:

CUADRO 2

	P. aeruginosa	A. niger
Metilparabeno	0,4	0,1
Etilparabeno	0,4	0,04
Propilparabeno	0,8	0,02
Butilparabeno	0,8	0,02

OTROS DERIVADOS

También existen derivados polihídricos (catecol, resorcinol, etc) que presentan una actividad inferior al fenol; no obstante los derivados alquilados de estos compuestos siguen las mismas pautas que el fenol, es decir, que incrementan su acción antimicrobiana, por ej: hexilresorcinol, que presenta un coeficiente de fenol de 98 (ver cuadro).

Los derivados con grupo nitro también realzan la actividad, dependiendo de la cantidad de grupos, por ejemplo el trinitrofenol (ácido pícrico), pero la acción no es muy intensa.

ACTIVIDAD ANTIMICROBIANA

Todos los compuestos, incluyendo al fenol, pueden matar o bloquear el desarrollo de las bacterias, según la concentración en que se encuentren. Obran sobre las bacterias vegetativas Gram positivas y Gram negativas, también sobre el M. tuberculosis, no son esporicidas.

Son activos frente a eumycetes, pero no sobre los virus.

Si bien obran principalmente sobre membranas, también lo hacen sobre las proteínas, produciendo desnaturalización de las mismas.

Una de las características del fenol es su elevado coeficiente de concentración (n=6), lo que indica que pequeños cambios en su concentración producirán significativas diferencias en su velocidad de muerte (ver coeficiente de concentración). Su coeficiente térmico señala una actividad más intensa con la elevación de la temperatura.

FACTORES QUE AFECTAN LA ACTIVIDAD

En medio alcalino son menos activos, si bien la eficacia no se anula. Las sales sódicas son menos activas que el fenol libre, por lo que se deberá utilizar la mínima cantidad de álcali, cuando se desee solubilizar a estos compuestos, ya que parece ser que los fenatos que se van formando ayudan a la solubilización del compuesto fenólico restante.

Al igual que lo que ocurre con la mayoría de agentes antimicrobianos, su acción se reduce en presencia de sustancias orgánicas, variando esta reduccion según el compuesto en estudio.

De igual forma, la presencia de sales afecta la eficacia de estos compuestos, pero favorablemente, puesto que se ha observado que la acción del fenol es más activa en solución fisiológica que en agua.

Como el fenol posee un elevado coeficiente de reparto aceite/agua, la presencia de aceite contrarresta la actividad antimicrobiana, dado que tenderá a "fugarse" del elemento acuoso al graso disminuyéndose la concentración efectiva del antimicrobiano en el medio hídrico.

Con otros solventes como ser alcohol etílico y glicerina, se observó que el fenol con una, concentración del 20% de etanol, potencializa la acción casi al doble, mientras que otros derivados fenólicos (o-fenilfenol; hexilresorcinol) disminuyen su acción.

Con glicerina hasta una concentración del 30% disminuye la acción, tanto del fenol como de sus derivados.

ACCIÓN DE LOS JABONES:

Si bien los fenoles en agua poseen poca solubilidad, ésta pueda incrementarse por el añadido de jabón, aumentando al mismo tiempo la efectividad de esos compuestos. La composición del jabón también juega un papel importante, por ejemplo el cresol es más efectivo en jabón de coco que en jabón de aceite de lino o soja. No obstante, un exceso de jabón puede disminuir la acción desinfectante, es decir, que la concentración de este elemento debe ser apropiada.

El mecanismo de su accionar es complejo, siendo explicado por la siguiente teoría: a medida que se va incrementando la concentración de jabón se logra una etapa donde los iones de ácidos grasos constituyen micelas que aumentan hasta una concentración crítica y que ulteriores añadidos de jabón permiten que esas micelas alcancen una segunda concentración crítica, luego de la cual no se forman más micelas. De esta forma, la solubilidad del fenol se incrementa hasta la 2da. concentración y permanece constante. El fenol se transporta con las micelas principalmente y en menor proporción permanece en la fase acuosa, dependiendo del coeficiente de reparto.

Cuando las bacterias son introducidas en este sistema, las micelas se adsorben a ellas, llevando una cantidad mayor de fenol que difunde a las mismas.

En síntesis, la actividad antimicrobiana del fenol solubilizado por jabón es una función de la concentración del fenol en las micelas de jabón y es independiente de la concentración total del fenol en el sistema.

Un derivado del fenol muy utilizado en solución jabonosa es el p-Cl-m-xilenol, que se halla codificado en la Farmacopea Británica y que consiste en 5% de principio activo, saponificado con ácido oleico, aceite castor y Hok, con el añadido del 10% de terpineol, la mezcla de este compuesto con el agua produce una suspensión muy efectiva para lavajes desinfectantes.

Sobre Vibrio cholerae, una dilución al 3/1000 de este producto lo destruye en segundos, (tabla 3).

CUADRO 3

Dilución	tiempo de acción					
	15 s	30 s	60 s	5 m	10 m	30 m
3/1000	-	-	-	-	-	-
1/1000	+	+	+	+	v	-
1/5000	+	+	+	+	+	+

A esa misma dilución de 3/1000, y en presencia de más del 20% de suero humano, produce el mismo efecto.

Ya que estamos mencionando a los jabones, digamos algunas palabras sobre los llamados "jabones germicidas", que son simples jabones con el añadido de un 2% de agente antimicrobiano (hexaclorofene, cloroxilenol, bencilfenol, etc).

También suelen utilizarse detergentes sintéticos aniónicos, combinados con estos agentes, que son efectivos en aguas duras (400 ppm de dureza); con este tipo de jabones, la relación micelas/agente antimicrobiano, no posee mucha importancia.

En general, y por los resultados obtenidos en nuestro

laboratorio, los "jabones germicidas" han mostrado una acción antimicrobiana significativa, sobre todo cuando se los utiliza con un tiempo de acción (dentro de los 2 minutos), ya que una acción más efectiva se observó cuando se los utilizó en el llamado lavado quirúrgico, es decir, con un tiempo de acción de por lo menos 10 minutos; por ejemplo, un buen resultado se obtuvo con el empleo de jabón compuesto iodóforo.

En la fig. siguiente puede apreciarse la efectividad del lavado de un jabón conteniendo iodo-povidona, sobre manos contaminadas.

El lavado se realizó con agua esterilizada y compuesto jabonoso durante dos minutos, secándose posteriormente las manos con toalla o gasa esterilizada.

Las huellas de los dedos antes y después del lavado permiten apreciar la reducción muy significativa de los microorganismos presentes.

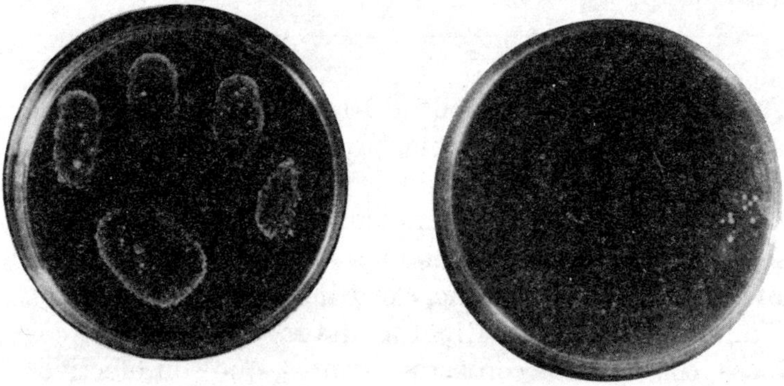

Por otra parte, cualquier jabón (sin compuesto antimicrobiano), cuando se lo utiliza en un lavado de manos, durante ese mismo tiempo y ayudándose con un cepillo de manos, como es de rigor en ese tipo de lavados, permite una buena disminución de microorganismos, ya que en la acción del lavado no se debe descartar la acción mecánica de esta operación, que ayuda mucho a la eliminación de estos. Otro agente utilizado en jabones es el Irgasan DP 300 (del 0,1-2%)

BIGUANIDOS

Son compuestos con actividad germicida elevada, en su molécula poseen una serie de grupos hidrófilos alternados con otros hidrófobos, pudiéndoselos considerar como agentes tensioactivos. El más utilizado es la clorhexidina, que es un compuesto catiónico con la siguiente estructura:

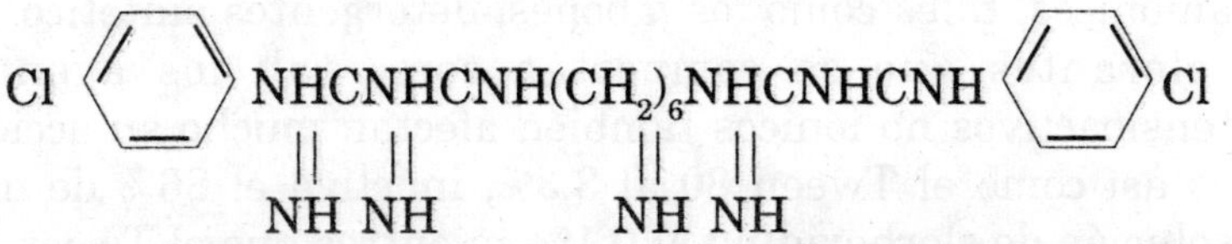

Es insoluble en agua, pero sus sales, como ser el acetato y gluconato, son más solubles, esta última se encuentra en forma líquida al 20% (p/v); sus soluciones acuosas son más estables a pH próximos a la neutralidad, a pH alcalinos y a temperaturas elevadas de uno 100 °C se va hidrolizando a p-cloroanilina.

Las sales también son solubles en alcohol etílico e isopropílico.

El gluconato de clorhexidina es activo frente a bacterias Gram positivas y Gram negativas, variando su concentración efectiva con las diferentes especies, también depende del pH, por ejemplo el S. aureus y E. coli son más suceptibles a pH elevados, mientras que P. aeruginosa lo es a pH bajos.

También es activo frente al M. tuberculosis, sobre todo como bacteriostático, no lo es en cambio sobre esporas bacterianas a temperatura ambiente.

Actúa, además, sobre determinados virus (adeno virus, herpes, influenza); su acción fungistática es variable, dependiendo de la concentración.

Por lo general, la acción bactericida se manifiesta a concentraciones de 200 ug/ml o menos, y la acción bacteriostática a concentraciones muchos menores: 1 ug/ml.

Obra sobre las membranas celulares produciendo pérdida de constituyentes celulares orgánicos e inorgánicos; a elevadas concentraciones destruye a las mismas.

FACTORES QUE AFECTAN SU ACTIVIDAD

La clorhexidina es incompatible con los compuestos aniónicos, tales como los jabones, detergentes sintéticos, y colorantes que se comportan como tal; los agentes tensioactivos no iónicos también afectan mucho su acción. es así como el Tween 80 al 3,3%, inactiva el 86% de una solución de clorhexidina al 0,1%, mientras que el Tween 80 al 1% inactiva el 37,5% de esa solución.

Es incompatible, además, con aniones inorgánicos, tal como: cloruros, sulfatos, fosfatos, carbonatos, etc, que pueden existir en aguas duras y precipitar la clorhexidina. Asimismo, se adsorbe en numerosos adyuvantes de formulaciones, tal como alginatos, celulosas, gomas y otros polvos insolubles, reduciéndose su actividad.

USOS

En numerosas formulaciones como conservador y antiséptico, para la desinfección de manos y campo quirúrgico, se combina además con detergentes (1,5% de clorhexidina con 15% de cetrimida); como concentrado para diluir al 1% para lavados de heridas, ginecología y obstetricia, desinfección de equipos, etc, su acción se ejerce en tiempo breve, una solución al 0,1% puede hacerlo en 15 segundos. Además la acción persiste varias horas por su poder de adsorción.

En urología se utiliza para lavaje de vejiga en concentración 0,05%; en estas bajas concentraciones es aconsejable esterilizar la solución, preferentemente en autoclave, a 1 atmósfera durante 15 minutos. Si se emplea la filtración se deberá tener en cuenta la adsorción del compuesto, por lo que se sugiere eliminar, por lo menos, los 10 primeros mililitros filtrados.

La presencia de sangre en la epidermis no parece interferir mucho con la acción, como suele ocurrir con otros agentes.

Para desinfección de manos puede utilizarse una concentración de 0.5% en etanol de 70% o de 95%, con buena efectividad.

PINO:

Relacionados con los compuestos de fenol se encuentran los derivados del aceite de pino, sobre todo la fracción que destila entre 170° y 350°C; está constituido por una mezcla de líquido terpénicos, del cual el más abundante y activo es el a-terpineol; existen, además, en menor cantidad, otros constituyentes entre los que se encuentran: A y B pinenos, limonero, cineol, alcanfor, alcohol fenetílico, etc.

Es un compuesto insoluble en el agua, utilizándoselo en emulsión en concentración aproximada del 60% en jabones, aceites sulfonados u otro agente emulsionante.

La actividad depende del jabón utilizado. La emulsión en aceite castor-sulfonado presenta un coeficiente de fenol entre 8 y 9, pero por lo general en los diferentes compuestos el CF es menor, aproximadamente cerca de 4 para S. typhi.

Las emulsiones son estables a temperatura ambiente, luego de 1 año el CF mostró una disminución inferior al 10%.

Presenta una buena acción microbicida de amplio espectro, sobre todo para bacterias Gram negativas y M. tuberculosis, así como ciertos streptococos.

No es eficaz para S. aureus.

No es tóxico ni irritante y tampoco es muy afectado por las sustancias orgánicas.

Por lo general, la dilución de uso es similar a la que se emplea con otros compuestos de CF conocido, esto es, 20 veces el valor del mismo, en este caso si el valor es 4, la dilución de uso será 1/80.

ACEITES ESENCIALES:

Las esencias se utilizaron desde la más remota antigüedad, hallando algunas de ellas aplicación en la conservación de alimentos.

En terapéutica se han empleado como antisépticos más que sanitizantes y desinfectantes, preconizándose su uso a mediados del siglo pasado (ver apéndice 2).

Químicamente son mezclas de diferentes componentes: hidrocarburos terpénicos, aldehídos, cetonas, fenoles, etc, con diverso grado de actividad bactericida, pudiendo clasificárselas en: altamente activas, moderadamente activas y poco activas, según el coeficiente de fenol que poseen, que por lo general es superior a esta sustancia patrón (Esencia de clavo: 8,5; Timol: 12,2; Esencia de canela: 8; Esencia de bergamota: 4, etc)

REFERENCIAS BIBLIOGRÁFICAS

DERIVADOS FENÓLICOS, ESENCIAS Y JABONES

AALTO T.R., FIRMAN M.C., RIGLER N.E.
Parahidroxybenzoic acid ester as preservative.
J.Amer.Pharm.Assoc. 42:449-457:1953.

BEAN H.S., BERRY H.
Bactericidal activity of phenols in aqueous solutions of soap: bactericidal activity of benzylchlorophenol in aqueous sol. of potassium laurate.
J.Pharm.Pharmacol 3:639-655:1951.

Bactericidal activity of chloroxylenol in aqueous sol. of potassium laurate
J.Pharm.Pharmacol 5:632-639:1953.

BRIOZZO J., NUÑEZ L., CHIRIFFE J., HERZAGE L., D'AQUINO M.
Antimicrobial activity of clove oil dispersed in concentrated sugar solution.
J.Applied Bacteriol. 66:69-77:1989.

GARDNER J.F., PEEL M.M.
Introduction to sterilization and disinfection.
Churchill Livingstone. 1986.

Prindle R.F.
Phenolic Compounds in Disinfection, Sterilization and Preservation.
S.S.Block; Lea & Febiger. 3cera Ed. 1983.

Reddish G.F.
Disinfecting value of pine oil emulsion
Soap.Sanit.Chemicals 17:89-90:1941.

Reddish G.F.
Antiseptics, Disinfectants, Fungicides and Sterilization.
2da. Ed. 1957.

Sykes G.
Disinfection and Sterilization.
Van Nostrand Comp. Inc. 1958.

Wilson P.E.
A comparison of methods for assessing the value of antibacterial soaps.
J.Appl.Bacteriol. 33:571-581:1970.

CLORHEXIDINA:

Gardner J.F.Gray K.G.,
Chlorhexidine in Disinfection, Sterilization and Preservation.
S.S.Block, Lea & Febiger. 3cera.Ed. 1983.

Gorman S.P., Jones D.S. & Loftus A.M.
The sporicidal activity and inactivation of chlorhexidine gluconate in aqueous and alcoholic solution.
Jour. of Appl. Bacteriol. 63:183-188:1987.

Hugo W.B., Longworth A.R.
Some aspects of the mode of action of chlorhexidine.
J.Pharm.Pharmacol. 16:655:1964.

Lowbery E.J.L., Lilly H.A.
Use of 4% chlorexidine detergent solution (Hibiscrub) and other methods of skin disinfection.

Br.Med.J.. 1:510:1973
The effect of blood on disinfection of surgeon's hands.
Br. J.Surg. 61:19:1974.

CAPÍTULO 7

ALCOHOLES

La acción germicida de los alcoholes alifáticos aumenta con su peso molecular, es así que:

Butanol > Propanol > Etanol > Metanol

En la práctica de la desinfección los más utilizados son el isopropanol y el etanol. En su modo de acción, principalmente obran sobre las proteínas desnaturalizándolas.

La actividad es netamente bactericida, más que bacteriostática, si bien, tanto el alcohol etílico como el isopropílico, pueden obrar como bacteriostáticos en concentraciones bajas de 5 y 7% respectivamente

Su espectro antimicrobiano incide sobre las bacterias vegetativas Gram positivas y negativas, bacterias ácido alcohol resistentes y sobre virus lipofílicos, siendo los hidrofílicos más resistentes a la acción del alcohol. Si bien no matan a las esporas bacterianas, la alcalinización de esta sustancia, con HONa al 0,5 ó 1%, permite una acción esporicida, lo mismo se logra con esa concentración de HCI, la alcalinización o acidificación puede hacerse en alcohol de 95 ó 70 .

La alcalinización evita la desnaturalización de la proteína por parte del alcohol, por lo tanto al no formarse una coagulación protectora de microorganismos, la desinfección es mucho más efectiva.

En realidad la acción desinfectante o antiséptica se realiza dentro de las concentraciones de 95 y 60 , por debajo de 50 la acción es más lenta; no obstante la multiplicación microbiana se inhibe.Trabajos realizados sobre

S.pyogenes con distintas graduaciones de etanol muestran los siguientes tiempos de destrucción microbiana:

% de etanol	Tiempo destrucción
95 a 60	10 segundos
50	30 segundos
40	4 minutos
30	45 minutos
20	60 minutos

El S. aureus, una de las formas vegetativas más resistentes muere en 15 segundos con alcohol de 70 %, mientras que E. coli, S. typhi y P. aeruginosa mueren en 10 segundos con concentraciones comprendidas entre 60 y 95 %.

En la experiencia realizada con S. pyogenes el etanol de 100 mostró un tiempo de destrucción de 90 segundos, lo que estaría de acuerdo con otros autores que sostienen la poca efectividad del alcohol de 100 y que sería necesario un cierto grado de hidratación.

El alcohol es ampliamente utilizado en la desinfección de epidermis, sobretodo en graduaciones de 70, también es utilizado en desinfección de elementos tales como termómetros, etc., pero en estos casos combinados con otros agentes desinfectantes como iodo, clorhexidine, amonios cuaternarios, formol, etc.

ÁLCALIS:

En forma similar a lo que ocurre con los ácidos, la acción desinfectante depende del grado de disociación, de acuerdo a ello, el orden decreciente del mismo sería:

HOK > HONa > HOLi > HONH

De estas sustancias la más común y también de bajo costo es el HONa, que puede utilizarse en diluciones de su forma pura o comercial, llamada soda cáustica.

Este compuesto se utiliza en desinfecciones determinadas, sobre todo por ser bastante resistente a la presencia de sustancias orgánicas, además de presentar otras características útiles, como su acción saponificante de grasas, permitiendo una mejor limpieza y facilitando la desinfección.

Ambas acciones, limpieza y desinfección, son utilizadas en industrias, en especial la de alimentos.

Suelen utilizarse concentraciones comprendidas entre el 1 y 5%, ya sea a temperatura ambiente o mejor aun, a temperaturas más elevadas, por ej. a 60°C.

Sobre las esporas bacterianas es bastante activo (más aun a elevadas temperaturas).

Los tiempos de destrucción del 99% de una suspensión de esporas bacterianas con una solución de HONa 1,5% a diferentes temperaturas, fueron los siguientes:

Temperatura en °C	Tiempo en minutos
1	150,0
22	13,0
28	7,5

Asimismo, la dilución de HONa en etanol, aun en bajas concentraciones (1%) incrementa notablemente la acción de este solvente sobre las esporas bacterianas. Como desventaja, presenta acción corrosiva sobre diversos materiales, aluminio entre ellos, pero es muy adecuado para vidrio, acero inoxidable y gomas.

FOSFATO TRISÓDICO:

Compuesto ampliamente utilizado con los detergentes en productos de limpieza, posee propiedades bactericidas en menor grado que el hidróxido de sodio, propiedad que se halla favorecida con el incremento de temperatura: Una solución al 3% a 60°C pudo destruir a una suspension de esporos en más del 99,9% en dos horas.

Por lo tanto su incorporación en los detergentes, además de su accion ablandadora de aguas (secuestrante) y dispersadora de sustancias, coadyuva en la desinfección.

CARBONATO DE SODIO (SODA SOLWAY):

Se comporta como el fosfato trisódico, pero es menos efectivo.

Experiencias realizadas sobre suspensión de endosporas bacterianas con ambas sustancias a una temperatura de 60°C y con concentraciones de 0,5 N dieron los siguientes resultados:

	% de mortandad en las horas		
	1	2	10
Fosfato Trisódico (0,5 N (2,7%))	95	99,9	—
Carbonato de Sodio (0,5 N (2,6%))	40/50	55/65	99,9

Puede apreciarse la menor acción del carbonato, no obstante hay una cierta actividad desinfectante.

Otra sustancia alcalina utilizada, es el bicarbonato de sodio, el que se suele añadir a agua en ebullición para la desinfección de instrumentales, pero en realidad no es germicida, lo que sucede es que a esa temperatura, parte del bicarbonato se transforma en carbonato, que es el que actúa. El bicarbonato mas bien ayuda a reducir la corrosión que podría tener lugar con los instrumentos.

CAL (OXIDO DE CALCIO):

Conocida con el nombre de cal viva, es una de las sustancias más baratas y activas, teniendo la ventaja de ser inodora y desodorante.

Es de amplio uso, sobre todo en lugares donde no pueden hallarse otras sustancias desinfectantes. Además, resiste bastante la acción de las sustancias orgánicas presentes, por lo que resulta de mucha utilidad en la desinfección de heces.

Se presenta como una masa compacta blanca, que en contacto con el agua da lugar al hidróxido de calcio o cal apagada, que es como se usa en la práctica.

Para ello, a 1 Kg de cal viva, se le añade, de a poco, 500 ml de agua (reacción exotérmica intensa).

Para la desinfección puede usarse de esta forma, es decir, añadiendo la cantidad de cal al material a desinfectar, mezclando adecuadamente, o mejor aun, utilizando la lechada de cal, que se prepara tratando 1 Kg de cal viva con 500 ml de agua (con precaución), una vez apagada se añade el doble de su volumen de agua (aproximadamente dará una concentración del 20%).

La lechada debe prepararse extemporáneamente y ser mantenida en recipientes herméticos para protegerla del CO_2 del aire, y manteniéndose la reacción alcalina intensa.

Para la desinfección de heces es suficiente un contacto de 2 horas. También es útil para pintar paredes para su desinfección.

REFERENCIAS BIBLIOGRÁFICAS

ALCOHOLES

DEATH, I.F., COATES D.
Effect of pH on sporicidal and microbicidal activity of buffered mixtures of alcohols and sodium hypoclhorite.
Jour.of Clin. Pathol 32:148-151:1979.

GARDNER J.F., PEEL M.M.
Introduction to sterilization and disinfection
Churchill Linvingstones. 1986.

GERSHENFELD L., GREEN A., WITLIN B.
Disinfection of clinical thermometers
Jour.Amer.Pharm.Assoc.Sci.Ed. 40:457-460:1951.

MORTON H.E.
Alcohols in Disinfection, Sterilization and Preservation
S.S.Block; Lea & Febiger 3cera.Ed.1983.

PRICE P.B.
Reevaluation of ethyl alcohol as a germicide.
Arch.Surg. 60:491-502:1950.

SYKES G.
Disinfection and Sterilization
Van Nostrand Comp.Inc.1958.

ALCALIS

McCulloch E.
The germicidal efficiency of HONa.
Jour.Bacteriol. 25:469:1933.

McCulloch E.
Disinfection and Sterilization
Lea & Febiger Ed. 1936.

Tilley F>W., Schaffer J.M.
Germicidal efficiency of sodium hidroxide, sodium carbonate and trisodium phosfate.
Jour. Agr.Res. 42:93:1931.

CAPÍTULO 8

SALES DE METALES PESADOS

La mayoría actúa como bacteriostáticos, ejerciendo algunas de ellas propiedades antifúngicas. Prácticamente, su modo de actuar es similar, bloquean la actividad enzimática de las proteínas microbianas, dependiendo de la concentración. Principalmente fueron utilizadas como antisépticos.

De este grupo, las más utilizadas son los derivados mercuriales, plata y cobre.

El mercurio ha sido empleado durante mucho tiempo como antiséptico, se ha discutido mucho la acción letal que produce sobre los microorganismos, pero en realidad su principal comportamiento es "stático'.

La sustancia orgánica reduce mucho la actividad, no obra sobre los esporos, precisamente no alcanza a penetrar la capa de envoltura de los esporos bacterianos. Grupos químicos de sulfuros, glutation, triglicolato, etc., inhiben y contrarrestan su acción.

Las bacterias Gram positivas son más sensibles que las Gram negativas; también actúa sobre los hongos.

MERCURIO

Se encuentra en diferentes tipos de sales: las inorgánicas, como ser: cloruro mercurioso (calomel), cianuro, oxicianuro, cloruro mercúrico; todas fueron empleadas como antisépticos. El cloruro mercúrico, en cambio, se lo utiliza en desinfección de materiales industriales y control de hongos.

La acción parece depender de la concentración de iones mercurio en la solución. Su coeficiente de fenol en forma global es muy elevado, pero antagonizado es inferior a 5, lo que señala que su acción es principalmente bacteriostática.

Las sales orgánicas son más efectivas que las inorgánicas, entre ellas tenemos las sales de fenilmercurio (nitrato-acetato-borato), el merbromin (mercurocromo); el nitromersol (metaphen); y thimerosal (merthiolate); estos compuestos son utilizados en la antisepsia y como conservadores de productos biológicos (vacunas) en diluciones elevadas (1/10.000).

Con estos compuestos es común encontrar bacterias resistentes al mercurio, por otra parte, pueden ocurrir manifestaciones tóxicas, restringiéndose el empleo de estos elementos a aplicaciones específicas.

PLATA

También ha sido utilizada desde hace muchísimo tiempo como antiséptico y además como desinfectante en el caso del agua, por su acción oligodinámica.

La concentración límite permitida por la FDA en el agua es de 0,05 ppm.

Escherichia coli, Pseudomonas aeruginosa y Staphilococcus aureus, son destruidos en un agua que atravesó un dispositivo con carbón activado conteniendo 0,1 a 0,5% de plata metálica o el equivalente cloruro.

Su empleo como bacteriostático en el agua fue aprobado por EPA (Agencia de Protección Ambiental).

La sal inorgánica más utilizada es el nitrato, que en solución 1%, se lo emplea como antiséptico de mucosas (oftalmia del recién nacido), en lociones oculares se usa al 0,4%.

También se emplea en forma sólida de barras como antiséptico y cauterizante de heridas.

Como compuesto orgánico se emplea en forma coloidal, o unido a sulfadiazina, en diversos medicamentos.

Muchos protozoarios son destruidos en 20 segundos con concentraciones de nitrato de plata de 6 ppm. Las algas son inhibidas y destruidas con concentraciones de 0,8%.

Concentraciones de 24 ppm en el agua obran como algistático. Los iones de plata, en forma similar a otros metales, se acomplejan con los grupos donadores de electrones (tioles, aminas, carboxilatos, etc.) y también da lugar a la formación de microorganismos resistentes a su acción. Los esporos bacterianos resisten a este compuesto.

En el agua su acción se potencializa con el añadido de otros metales, como ser paladio u oro.

Puede aportar toxicidad.

COBRE

Fue utilizado principalmente como desinfectante y conservador industrial, con propiedades antifúngicas, bacteriostáticas y ligeramente bactericida, virucida débil y no obra sobre esporas bacterianas.

Es activo frente a algas unicelulares en bajas proporciones (2 ppm).

En diluciones elevadas inhibe el desarrollo del M. tuberculosis (1/100.000).

Se lo utiliza como desinfectante de plagas vegetales, también como antiséptico suave en formulaciones codificadas en farmacopeas.

Hoy día no se emplea mayormente este elemento. Su uso sobre las plagas de plantas puede hacerse bajo forma de caldo bordelés (ver apéndice 2)..

Otras sales de metales, se utilizan más bien para crear un sistema de óxido-reducción que potencializa enormemente la acción de una sustancia antimicrobiana, ya sea orgánica o inorgánica.

Por ejemplo, la presencia de una sal férrica, como el sulfato sobre un compuesto orgánico como el fenol (aproximadamente 1 mol de cada sustancia) incrementa unas 20 veces la actividad de éste.

Lo mismo ocurre con el cresol y el cloruro férrico (1 mol aprox. de cada sustancia) incrementa 13 veces la acción, y si a este sistema seguimos adicionando otro sistema de óxido-reducción, como ser una mezcla de cloruro ferroso y cloruro férrico (1 gr mol del primero y 2 del segundo), la potencia aumenta 40 veces.

A las mezclas puede añadírsele un 10% de glicerina para estabilizar la solución.

Con los compuestos inorgánicos, tal como el iodo, sucede lo mismo, la eficiencia puede incrementar de 5 a 20 veces.

Es bueno tener en cuenta el efecto de los sistemas de óxido-reducción cuando se diseñan formulaciones de desinfectantes.

REFERENCIAS BIBLIOGRÁFICAS

METALES PESADOS

FITZGERALD G.P.
The algistatic properties of silver.
Water Sewage Works 114:85-189:1967.

GRIER N.
Mercurials Inorganic and Organic in Disinfection, Sterilization and Preservation.
S.S.Block: Lea & Febiger. 3cera. Ed. 1983.

RONALD G.W., MORRIS R.L.
The effect of cooper on distilled water quality for use in milk and water laboratories.
J.Milk Food Technol. 30:305:1967.

SALLE A.J.
Increased germicidal efficiency of iodine in the presence of an oxidation-reduction system.
Proc.Soc.Exp.Biol.MEd.58:149-152:1945.

SALLE A.J., GUEST H.L.
Increased efficiency of phenolic germicides by addition of inorganic sales to produce oxidation-reduction systems.
Proc.Soc.Exp.Biol.Med. 55:26-28:1944.

CAPÍTULO 9

VALORACIÓN DE DESINFECTANTES

En la valoración de la efectividad de un desinfectante, se deberá tener en cuenta que el método utilizado sea reproducible y que los resultados puedan interpretarse desde el punto de vista práctico, sobre todo teniendo en cuenta **las condiciones en que debe ser utilizado.**

Sobre la determinación del poder bactericida de desinfectantes, se ha detallado mucho desde la época de Koch (1881) y Rideal Walker (1903), pues antes de la era de los antibióticos esos compuestos tenían mucha importancia en el tratamiento de las infecciones.

El empleo del fenol en la terapéutica introducido por Lister, fue de trascendental importancia, posteriormente se añadieron otros compuestos que fueron comparados con el fenol, considerándose a éste como sustancia desinfectante patrón.

Desde el siglo pasado, los métodos de ensayo evolucionaron en dos líneas paralelas: los que utilizaban pruebas in vitro y los que empleaban pruebas que simulan las condiciones de uso práctico.

En 1903, Rideal y Walker, introducen un procedimiento que determina la más alta dilución de un desinfectante que destruye a una población microbiana en un intervalo de tiempo especificado, comparativamente con una dilución de fenol que se comporta en las misma forma; los tiempos empleados fueron: 25,5, 5, 7,5 y 10 minutos. Este procedimiento se conoce como Coeficiente de Fenol y más tarde, en 1934 fue incorporado por la British Standard Specification (BS 451).

El procedimiento sufrió modificaciones por los mismos autores y por Chick y Martin en 1908, que introducen al sistema del ensayo materia orgánica, y que también fue incorporado en 1938 por esa entidad (BS 808), siendo recomendado por la Medical Research Council como criterio para seleccionar desinfectantes hospitalarios.

Sintéticamente, en el procedimiento se utiliza un cultivo de 24 hs de S. typhi, u otro microorganismo, que se diluye al 4% con suspensión esterilizada de levadura ce cerveza al 5%.

Con el fenol y desinfectante se efectúan cuatro concentraciones cercanas (con intervalos seriados del 10% para cada sustancia). Las mismas se colocan en un volumen determinado en una serie de tubos (colocados a una temperatura de 20°C) y se añade el mismo volumen de suspensión bacteriana.

Luego de 30 minutos de contacto se resiembran con ansa en 10 ml de caldo nutritivo, incubándose los tubos sembrados a 37°C durante 48 hs.

El cálculo del coeficiente se realiza dividiendo el promedio entre la más alta concentración de fenol que permite el crecimiento bacteriano y más baja concentración que no lo permite, sobre el correspondiente promedio del desinfectante.

Posteriormente se añadieron otras modificaciones para la determinación del coeficiente de fenol, sobre todo en el empleo de microorganismos del ensayo.

En 1927, Reddish, modificó el procedimiento que fue aceptado por la FDA (Food And Drug Administration de USA), ensayándose sobre las bacterias Salmonella typhi y Staphilococcus aureus y también por la AOAC (Association of Official Analytical Chemist), que introdujo la Pseudomonas aeruginosa.

Los tiempos de contacto también fueron modificados a 5, 10 y 15 minutos, definiéndose el Coeficiente de Fenol como la más alta dilución del desinfectante en ensayo que no mata a las bacterias en 5 minutos pero si en 10, sobre la dilución del fenol que se comporta en la misma forma.

Así, por ejemplo, si el desinfectante cumple ese requisito en una dilución 1/450 y el fenol en 1/90, el Coeficiente de Fenol será:

$$CF = \frac{450}{90} = 5$$

que se expresará para el germen utilizado en el ensayo.

Los subcultivos en los medios de cultivo de recuperación se realizan con un ansa de 4 mm interno de diámetro y que se encuentra inclinado en un ángulo de 60° con respecto al resto del alambre, de manera tal de tocar paralelamente a la superficie del líquido existente en el tubo que contiene el compuesto en ensayo con la suspensión bacteriana (ver figura)

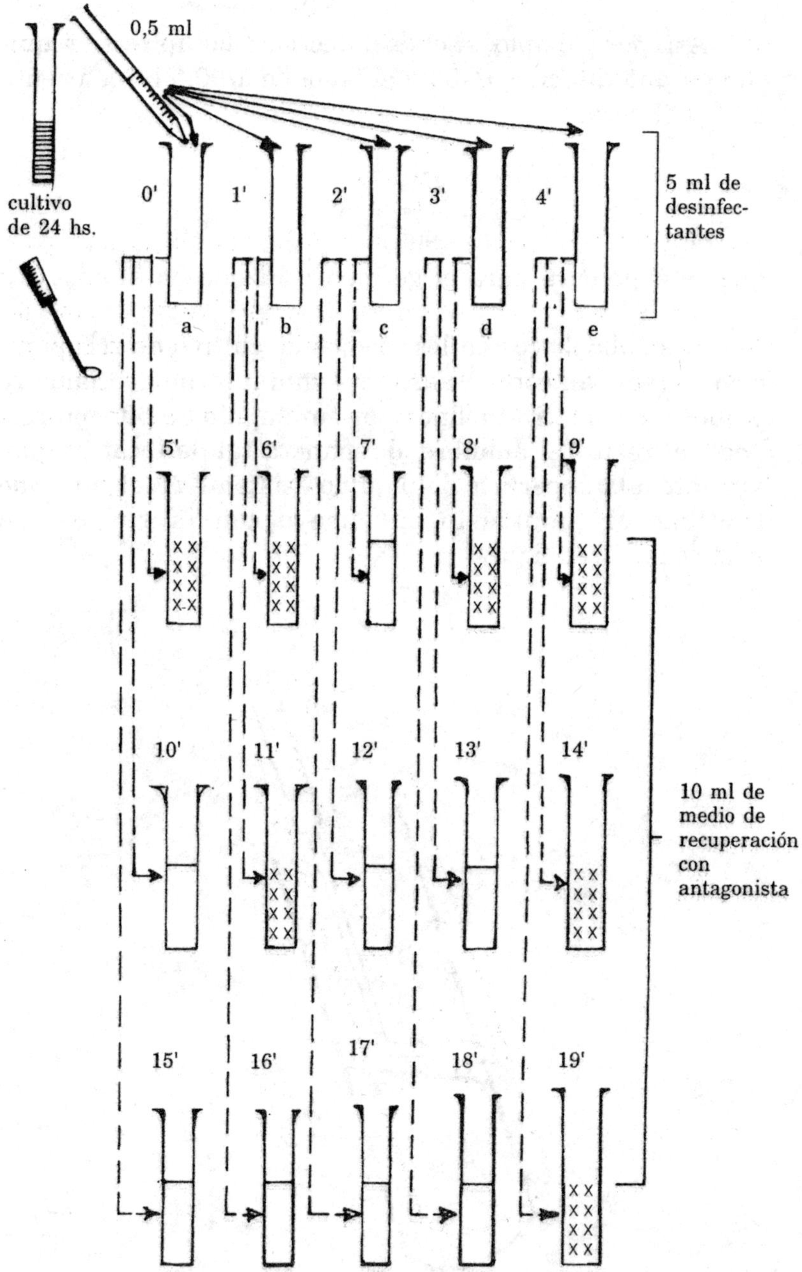

Refer.: a=fenol 1/80; b=fenol 1/100; c=Des.x 1/200; d=Des.x 1/250; e= Des.x 1/300; xx= crecimiento bacteriano; N°= minutos. Interpret.: a=d; luego CF= $\frac{250}{80}$ = 3,1

El procedimiento determina muerte total del microorganismo, pero posee algunos inconvenientes: en primer lugar, la cantidad de población bacteriana residual que se transfiere con el ansa podría no representar a la población total sometida al ensayo (pues corresponde a un volumen inferior a 0,01 ml) y si las bacterias no se hallan distribuidas homogéneamente, no se transfiere una población representativa; así por ejemplo, en el caso del ensayo con el desinfectante, se pone en contacto a una población de aprox. $1x10^8$ bacterias por ml; por lo tanto, si consideramos como punto final la muerte total y si la destrucción real fue del 99,9999%, significa que todavía existen 100 bact/ml que podrían no detectarse con el ansa.

Tampoco nos daría una respuesta favorable en el caso de que el desinfectante reduzca en 5 log a la población, es decir que destruye el 99,9999% que sería muy efectivo, pero el desarrollo microbiano producido en los tubos de recuperación no daría lugar a una interpretación real de la potencia del desinfectante.

Por otra parte, el método es útil con sustancias que se comporten como el fenol, en lo que respecta a estructura química definida, estabilidad, solubilidad; no es útil para cloro ni oxidantes, ni tampoco para compuestos de amonio cuaternario, aunque a veces se lo utiliza, pero estos últimos compuestos son altamente bacteriostáticos y se adsorben mucho en superficies; el fenol, además, presenta la ventaja de que no se antagoniza fácilmente con moderada cantidad de sustancia orgánica. No obstante, el procedimiento permite una comparación relativa.

Por ello, se han propuesto otras metodologías que reflejan una situación y respuesta más cercana a la realidad del uso y que sirven además para un espectro amplio de compuestos.

Sykes en 1962 y Kelsey-Sykes en 1969, desarrollan una metodología que permite ser utilizada en numerosas circunstancias y sobre todo para desinfectantes de uso hospitalario, donde es importante y aconsejable efectuar las pruebas con desinfectantes en condiciones de "suciedad" orgánica, ya que es muy común que otros compuestos (constituyentes de líquidos biológicos) se hallen en contacto con el desinfectante, anulando parcial o totalmente su efecto. En este caso, es muy adecuado este ensayo que dará respuestas más acordes con la realidad del uso del desinfectante.

El procedimiento de Kelsey-Sykes utiliza los siguientes elementos:

a) Estandard de agua dura: 300 ppm: 1.75 g Cl_2Ca6H_2O + 0,50 g SO_4Mg7H_2O en 3300 ml de agua destilada (esterilizar en autoclave).
b) Caldo de cultivo TSB con inactivador si es necesario.
c) Suspensión de levadura de cerveza al 5%. Para el ensayo: 2 ml de suspensión se agrega 3 ml de agua destilada (suspensión al 2%).
d) Suero de caballo inactivado al 20%
e) Microorganismos: S. aureus, E. coli, P. aeruginosa, P. vulgaris
Los cultivos de 24 hs en medio sólido se suspenden en Sol. fisiológica a una concentración de 10^9 /ml.
f) Desinfectante de ensayo en las siguientes diluciones: a) concentración de uso, b) concentración con el 50% menos que a), c) concentración con el 50% más que a), (la metodología original especifica el 25% en lugar del 50%).

Esto se realiza para trabajar con un margen de seguridad en las concentraciones recomendadas. Todas las diluciones se realizan con agua dura standard, de esta forma se puede observar la influencia de ésta, ya que la dureza predomina en aguas de pozos por lo que la respuesta será más real.

El ensayo se efectúa en condiciones limpias y sucias, es decir, sin y con añadido de sustancia orgánica.

En el primer caso, a 3 ml de cada dilución de desinfectante se añade 1 ml de suspensión bacteriana, se agita y luego de 8 minutos se transfieren 0,05 ml de esta mezcla en cada uno de 5 tubos con caldo de recuperación.

Dos minutos más tarde, es decir, a los 10 minutos, se vuelve a inocular 1 ml de suspensión bacteriana, repitiéndose a los 8 minutos siguientes la siembra en otros 5 tubos con caldo de recuperación y 2 minutos más tarde, es decir, a los 20 minutos de la 1ª inoculación, se vuelve a efectuar la reinoculación de otro ml de suspensión bacteriana con las extracciones y siembras consecutivas como ya se ha señalado.

Todos los cultivos se incuban a 32°C durante 48 hs.

En el segundo caso, el inóculo se prepara de la siguiente forma: con la suspensión de levadura al 2%, como ya se señaló se recoge el desarrollo de un cultivo de 24 hs, o bien se recogen con suero de caballo al 20%, o también a 2 ml de suspensión de levadura al 5% se le añaden 3 ml de suspensión de bacterias originales. Posteriormente se sigue con el ensayo en la forma descripta.

INTERPRETACIÓN

No debe haber desarrollo microbiano. El ensayo se aprueba cuando no se halla crecimiento microbiano en por lo menos 2 ó más de los tubos sembrados en los 5 tubos de la 1ª y 2ª reinoculación.

Es en la 1° inoculación donde se señala si el desinfectante pasa o no la prueba (véase en el ejemplo Nro. 13).

Por la adición de nuevas reinoculaciones, el desinfectante va reduciendo su concentración inicial, la diferencia de resultados entre ésta y la concentración final, luego de las reinoculaciones, provee el margen de seguridad de uso.

La metodología puede ser aplicada, entre otros, a compuestos desinfectantes biguánidos, de amonio cuaternario, hipoclorito, iodóforos, anfólitos y aldehídos.

En forma esquemática el procedimiento es el siguiente:

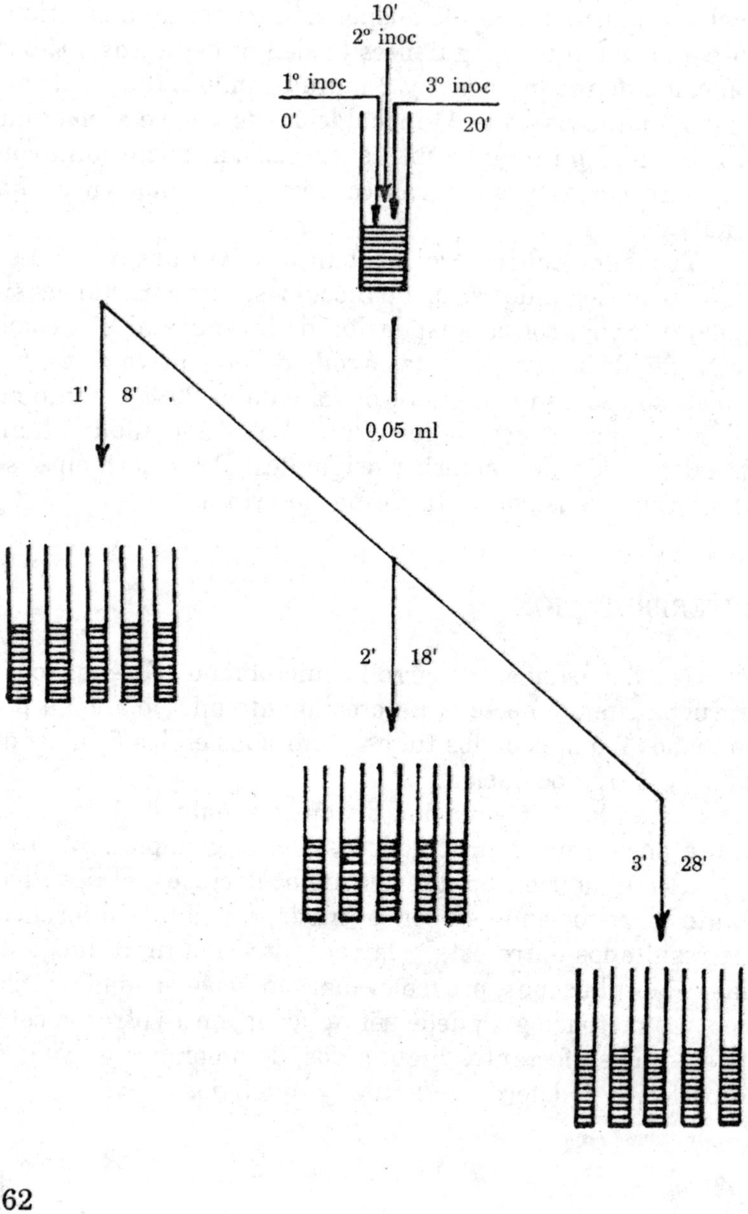

Ejemplo de resultados con diferentes concentraciones de Desinfectante X

Nro	Concentr. de uso %	Condición Limpia 1ª inoc.	2ª inoc.	3ª inoc.	Interpret.
1	50	——+	+—+-	——+	Satisfact.
2	100	——	——	——	"
3	150	——	——	——	"
			Condición Sucia		
4	50	——	+++++	+++++	No Satisf.
5	100	——	——	-++++	Satisfact.
6	150	——	——	——+	"
7	50	——	——	—+-+	Satisfact.
8	100	——	——	——+	"
9	150	——	——	——+	"
			Desinfectante XX Condición Limpia		
10	50	+++++	+++++	+++++	No Satisf.
11	100	——	+++++	+++++	"
12	150	——	——	—++-	Satisfact.
13	50	++-++	+—++	+++++	No Satisf.
14	100	——	—+++	+++++	Satisfact.
15	150	——	——+	—++	"
16	100	—+++	+++++	+++++	No Satisf.

Entre otros procedimientos puede utilizarse el que determina la concentración inhibitoria mínima (CIM), tanto para bacteriostáticos como para bactericidas; en este último caso, la determinación implica el empleo de sustancias neutralizantes a fin de inactivar la actividad residual del compuesto antimicrobiano y obtener datos falsamente positivos.

Otro buen sistema de valoración es el promovido por la Asociación Francesa de Normatización, conocido con la sigla AFNOR, que si bien en forma sintética se señala en el cuadro I, describiremos la metodología por ser uno de los métodos que más se utilizan en Europa.

El procedimiento determina cuantitativamente el número de microorganismos sobrevivientes y puede efectuarse por métodos de dilución o de filtración, sus resultados son precisos y reproducibles y comparables.

Puede efectuarse con 5 concentraciones diferentes del desinfectante y es necesario disponer de una solución con neutralizante para utilizar como líquido de dilución.

Los microorganismos utilizados se detallan en el cuadro al final del capítulo. El esquema de la técnica es el siguiente:

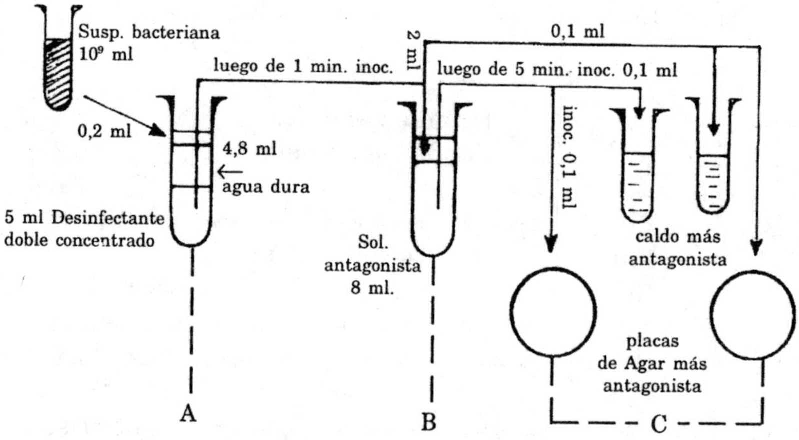

Diluir 1 ml en 9 ml de neutralizante dejar 10 min. y plaquear

o

Filtrar 10 ml con membrana 0,45um. Lavar con neutralizante (3 veces). Sembrar el filtro sobre medio de recuperación sólido

Nosotros, comparamos y valoramos un compuesto determinando el tiempo de reducción decimal D con valores comprendidos entre 0,1 y 1 minutos que corresponden respectivamente a los tiempos 30 segundos y 5 minutos de desinfección. Un compuesto que presenta un D=1 es aceptado, de igual forma que lo que ocurre con el procedimiento AFNOR; la diferencia de los valores de D entre los compuestos señalará la mayor o menor efectividad. La misma puede apreciarse por otra parte por la manifestación de muerte total en esos tiempos, en lugar de medir el valor D.

Recordemos que el valor D se extrae de la siguiente ecuación:

$$D = \text{Tiempo}$$

$$\text{Log } N_0 - \text{Log } N_t$$

donde N_0 = número inicial de microorganismos
N_t = número de sobrevivientes luego del tiempo T

El procedimiento se realiza con una metodología similar a Kelsey-Sykes es decir, en condiciones limpias y sucias con un añadido de 5% de sustancia orgánica y con agua dura artificial (ver apéndice) para que el desafío sea grande.

Al finalizar los tiempos de acción, en forma similar a lo que se realiza en el procedimiento AFNOR, se neutralizan los elementos de la reacción, antes de la siembra de recuperación.

La metodología permite variaciones tales como: añadido de mayores cargas, sea de sustancia orgánica o de microorganismos, luego de los tiempos de acción, para ver capacidad del desinfectante.

De esta forma se extrae mayor información sobre la forma de actuar de un compuesto desinfectante.

El esquema del proceso se representa en la Fig. 00 para un tiempo de 1 minuto.

El operativo se repite colocando suspensión esterilizada de agua dura con 4% de levadura de cerveza, o con 5% de suero equino o humano (en este caso se deberá asegurar que no provenga de pacientes tratados con antibióticos). Las soluciones de suero se esterilizan por filtración.

La etapa **B** puede obviarse según el mayor o menor grado de neutralización que requiere el desinfectante, pues una gran mayoría se neutraliza directamente en el medio de recuperación con antagonista.

El inóculo del microorganismo en ensayo, se realiza a través de una suspensión en solución fisiológica de un cultivo de 24 hs. en estría, de manera de contener 10^9/ml.

Los tubos y placas de recuperación sembrados, se incuban a 35° C durante 48 hs.

Se considera que un compuesto que en 10 minutos no ejerza su acción, no es muy apropiado como desinfectante. Este juicio dependerá por otra parte del elemento que se va a desinfectar.

Otro procedimiento práctico es el que busca la más alta dilución de un compuesto que destruya la totalidad de población microbiana del ensayo (10^6/ 10^7/ ml) en 1 minuto, y sembrando cuantitativamente 0,1 ml en 10 ml de medio de cultivo con antagonista.

De igual forma que lo descripto anteriormente, el ensayo puede hacerse en condiciones limpias y sucias y preferentemente con agua dura.

Nosotros utilizamos un procedimiento similar y práctico basándonos en determinar la más alta dilución de un compuesto que destruye al microorganismo en 1 minuto, y sembrando cuantitativamente 0,1 ml en 10 ml de medio de cultivo con inhibidor.

El inóculo del microorganismo del ensayo se realiza a través de una suspensión en solución fisiológica del desarrollo de un cultivo de 24 hs en estria, de manera que contenga 10^9 bacterias/ml; posteriormente, se pone en contacto con 5 ml de desinfectante en estudio una cantidad equivalente a 10^6/10^7 bacterias/ml.

La prueba se realiza con la dilución del desinfectante

en agua (condición limpia) y con el añadido de un 8/10% de suero equino o humano inactivado (en este último caso asegurarse que no provenga de personas con tratamiento con antibióticos) (condición sucia). Los sueros se esterilizan por filtración.

Luego del tiempo o tiempos del ensayo se transfiere con pipeta 0,1 ml a 10 ml de medio de cultivo de recuperación con inactivador adecuado del agente desinfectante, incubándose a 33/35°C durante 48 hs.

Se considera que un compuesto que en 10 minutos no ejerza su acción, no es muy apropiado como desinfectante (este juicio dependerá, por otra parte, del elemento que se va a desinfectar).

Aun cuando los métodos descriptos, con excepción del coeficiente de fenol, permiten su empleo con desinfectantes clorados, señalaremos una metodología que se emplea para compuestos de cloro descripta por Ortenzio en 1957 y que se encuentra asentada en el AOAC con el nombre de Ensayo de Concentración Equivalente de Cloro Disponible Germicida. Este método se basa en la comparación de una solución de hipoclorito sódico, que contenga 200-100-50 ppm de cloro con un desinfectante clorado que libere cloro, determinándose la equivalencia, así por ejemplo:

Sol. hipoclorito	ppm Cl disponible	1 2 3 4 5 6 7
Sol. hipoclorito sódico	200	- - - - - + +
	100	- - - - + + +
	50	- - + + + + +
Desinfectante clorado	25	- - - - - + +
	20	- - - - + + +
	10	- + + + + + +

De donde se aprecia que 25 ppm del desinfectante X

equivale a 200 ppm de la solución de hipoclorito y 20 ppm del mismo desinfectante equivale a 100.

La prueba se realiza sobre S. typhi ATCC 6539 o S. aureus ATCC 6538 o con ambos, y se efectúa con reinoculaciones del microorganismo, es decir, que se estudia además la capacidad del desinfectante.

Para cada 10 ml de concentración respectiva y comenzando con la mayor, se añade 0,05 de la suspensión de microorganismos (10^9/ml), luego de 1 minuto se subcultiva a un medio de recuperación con ansa calibrada; al 1,5 minuto se añade otros 0,05 de suspensión microbiana, que se vuelve a subcultivar después de 1 minuto; 30 segundos más tarde, es decir, a los 3 minutos, se repite la reinoculación con la consiguiente resiembra, y se continúa así hasta 10 añadidos, es decir, que cada 1,5 minuto se reinocula y cada 30 segundos siguientes se resiembra.

Se tendrá en cuenta que el medio de recuperación para las resiembras tendrá tiosulfato de sodio como neutralizante o medio tioglicolato, ya que algunos microorganismos son sensibles al tiosulfato.

El líquido de dilución para preparar las soluciones de hipoclorito y de desinfectante tendrá pH 8 utilizándose un buffer de fosfatos (11,3 gr K_2HPO_4 + 0,23 gr PO_4H_2K anhidro en 1000 ml de agua destilada); está solución deberá destilarse.

En la determinación de productos clorados, muchas veces es necesario analizar el cloro disponible de una solución de hipoclorito de sodio tomado como patrón, para ello puede efectuarse la siguiente metodología:

En un frasco Erlenmeyer, se colocan 2 ml de ácido acético glacial, más 20 ml de agua destilada y 1 gr de Ioduro de Potasio, se disuelve adecuadamente y se añade 1 ml de solución de hipoclorito de sodio concentrado (entre 50 y 80 gr de cloro activo por litro). Posteriormente se valora con solución de Tiosulfato de Sodio 0,1 N estandarizada en su título; casi al final de la reacción se agregan unas gotas de solución de almidón (1%) y se continúa hasta la desaparición del color azul. La cantidad de cloro activo en ppm se calcula de la siguiente forma:

$$\text{ppm de cloro} = \frac{0{,}03546\ V\ N}{1} \times 10^6$$

de donde: 0,03546 = miliequivalente del hipoclorito de sodio.

V = volumen de tiosulfato de sodio consumido.

N = normalidad de la solución de tiosulfato.

1 = volumen de solución de hipoclorito ensayado.

Una forma rápida para estimar la concentración de cloro activo, y en forma seriada, es a través de una técnica utilizada por nosotros que es la siguiente:

Se toman 10 ml de una solución 0,01 N de iodo, o de una solución 10% de povidona al 10% (que es más estable), y se añade por gotas con pipeta, la solución de hipoclorito a valorar. La reacción finaliza al desaparecer el color de iodo en forma estable (por lo menos un par de minutos).

La solución dispone de un factor que dividido por los ml de solución consumido dará la concentración de cloro en gr/litro.

Este procedimiento requiere que anticipadamente se disponga de una solución valorada de hipoclorito de sodio en la forma ya descripta.

Cualquiera sea el método seleccionado para valorar desinfectantes, se deberá efectuar un control con el microorganismo en las mismas condiciones de cultivo que en la prueba, pero sin la presencia del desinfectante (control positivo); y un control de antagonismo, para ello se deberá realizar colocando en un tubo con medio de cultivo de recuperación la cantidad de desinfectante en ensayo equivalente a la que se arrastra en los subcultivos del ensayo, procediendo luego a sembrar con el microorganismo del mismo en concentración similar a la empleada en la prueba.

Deberá permitir el desarrollo microbiano, en caso contrario significará que la falta de desarrollo es debida al desinfectante residual arrastrado en la siembra.

CUADRO I

Método	Cepas	Inóculo	Condiciones y subcultivos	Interpretación
Coeficiente fenol AOAC	S. typhi ATCC 6539; S. aureus ATCC 6538; P. aeruginosa ATCC 15442	0.5 ml de cultivo de 24 hs en caldo	5-10-15 min. 20° C Subcultivo 1)	Relación de dilución desinfectante/dil. fenol que no mata en 5 pero sí en 10 minutos al microorganismo.
Cloro disponible; ensayo de capacidad AOAC, comp. con solución de hipoclorito	S. typhi idem. S. aureus idem.	0,05 ml de cultivo de 24 hs en caldo, cada intervalo de tiempo.	Adición de reinóculos con intervalos de 1,5 min., subcultivando al minuto del añadido (10 veces).	Compara la actividad como 200, 100 y 50 ppm de cloro.
Ensayo fungicida AOAC	T. mentagrophytes ATCC 9533.	Suspensión de considios $5x10^5$/ml.	5-10-15 min. 20° C Subcultivo 2).	Más alta dilución que mata esporos en 10 minutos.
Detergente-germicida-sanitizante AOAC en agua dura.	E. coli ATCC 11229; S. aureus ATCC 5368.	10^6/ml de desinfectante.	30-60 segundos 25° C Subcultivo 3).	Efectivo: concentración que destruye el 99,999% en 30 segundos.

CUADRO I

Método	Cepas	Inóculo	Condiciones y subcultivos	Interpretación
Desinfectante de piletas de natación AOAC comparado con NaOCL.	E. coli ATCC 11229 S. faecalis.	10^6/ml de desinfectante.	0,5-1-2-3-4-5-10 minutos a 20° C Subcultivo 4).	La más alta dilución de desinfectante con resultados equivalentes a una solución de hipoclorito de 0,6 ppm a tiempo 0 y mayor de 0,4 ppm luego de 10 minutos.
Desinfectante de Spray AOAC (aerosoles).	T. mentagrophytes ATCC 9533; S. cholerasuis ATCC 10708; S. aureus ATCC 6538; P. aeroginosa ATCC 15442, otros.	Cultivo de 24 hs en caldo o suspensión de conidios 0,01 ml en portaobjetos de 10x30 mm, diseminando y desecar a 37° C. Colocar en placas de Petri.	Spray los inóculos durante 4 seg. a 15 cm. de distancia. Dejar un contacto de 10 min. a temperatura ambiente. Subcultivo 5).	Efectivo: muerte del organismo en el tiempo de ensayo.

CUADRO I

Método	Cepas	Inóculo	Condiciones y subcultivos	Interpretación
AFNOR NF 72-150 (Francia) Dilución-Neutralización.	P. aeruginosa ATCC 15442; E. coli ATCC. 11229; S. aureus ATCC 9144; S. faecalis ATCC 10541; M. smegmatis CNOM 7326.	Suspensión con 10^7/ml en el desinfectante.	5 minutos a 21° C. Subcultivo 6).	Efectivo: mayor dilución que reduzca 5 log (99.999%) de c/u de los microorganismos.
AFNOR NF 72-170 con sustancias interferentes.	Los mismos.	Igual	5 minutos a 21° C en presencia de interferentes: albúmina-levadura; agua dura; buffer pH 5 y 9; otros.	Igual
AFNOR NF 72-190 para desinfección de superficies.	Los mismos menos M. smegmatis.	Suspensión de 10^6 en carriers (papel filtro-vidrio-cuero-elementos, etc.).	15 minutos a temperatura ambiente otros tiempos. Subcultivo 7).	Igual

CUADRO I

Método	Cepas	Inóculo	Condiciones y subcultivos	Interpretación
AFNOR NF 72-230, para esporos.	B. cereus CNCM 7803; B. subtilis var. niger ATCC 9372; C. sporogenes ATCC.	10^7/ml de suspensión de esporos por desinfectante.	1 hora a 21°C ó 5 min. a 75°C. Subcultivo 8).	Mayor dilución que reduzca el 99.999% en c/u de las tres cepas.

SUBCULTIVOS EN LOS DIFERENTES MÉTODOS

1) Transferir 1 gota de ansa calibrada a un medio de cultivo común (caldo) o con neutralizante, incubando 48 hs a 35/37° C.

2) Transferir 1 gota con ansa calibrada en medio de recuperación con neutralizante, incubando 10 días a 25/30° C.

3) Sembrar cuantitativamente an agar nutritivo en placa de Petri, incubando a 35° C - 48 horas.

4) Sembrar cuantitativamente en agar nutritivo en placa de Petri y en caldo, incubando a 35/37° C - 48 horas.

5) Transferir el portaobjetos en caldo neutralizante, incubando los cultivos 48 hs a 35/37° C.

6) Sembrar cuantitativamente en placa de Petri con

medio de cultivo y neutralizante, incubando 48 hs a 35/37° C y 7 días para M. smegmatis.

7) Sembrar el carrier por inclusión en agar en placa de Petri, incubando por lo menos 5 días a 35/37° C.

8) Sembrar en agar nutritivo en placa de Petri, incubando 48 hs a 30° C (anaerobiosis y 35/37° C para el olostridio).

CAPÍTULO 10

INACTIVACIÓN DE DESINFECTANTES

En el transcurso del capítulo anterior se ha hablado de inactivar la acción de los desinfectantes por medio de sustancias que antagonizan su acción.

Esto permite que los microorganismos sean retirados del agente antimicrobiano y transferidos a un medio de recuperación para los ensayos cualicuantitativos de los organismos que han sobrevivido y evitar, de esta forma, resultados negativos falsos que podrían ocurrir y prevenir la bacteriostasis debida a la acción residual del agente desinfectante en el medio de recuperación.

La inactivación puede hacerse por medio de la dilución, filtración y por añadido de sustancias químicas. En el primer caso con la simple dilución puede inactivarse la acción de muchos compuestos, sobre todo los que tienen un coeficiente de dilución elevado, como los fenoles; el método de filtración es útil para cualquier agente químico antimicrobiano, sobre todo para aquellos donde no se conoce una sustancia antagónica eficaz, es decir, que la solución desinfectante en ensayo es filtrada a través de filtro de 0.45 um, lavándose éste con abundante agua destilada o un liquido de dilución conteniendo algún inactivante si es que se conoce el antagonismo correspondiente.

El empleo de sustancias químicas es el método más común y puede hacerse, ya sea mediante un paso intermedio donde el desinfectante se diluye en la solución inactivadora, antes de efectuar la siembra en el medio de recuperación, o bien el inactivante se halla incorporado al medio de cultivo de recuperación.

Muchas veces pueden utilizarse ambos procedimientos o sea, diluir en inactivador y sembrar en medios con inactivador.

El empleo de la inactivación por agentes químicos requiere del conocimiento previo de la eficiencia de inactivación (EI) por parte de la sustancia en estudio que se deberá realizar por cada microorganismo y que según Reybrouck, dicha eficiencia se obtiene a través de la fórmula:

$$EI = 1 - (\log N_0 - \log N_t)$$

de donde, N_0 y N_t son, respectivamente, el número de bacterias iniciales sometidas a la experiencia y el número de bacterias existentes luego de un tiempo de inactivación de 10 minutos.

Prácticamente se realiza colocando en un baño de temperatura adecuada 1 ml de solución desinfectante con 9 ml de solución inactivante, mezclar bien y luego de 5 minutos añadir 0,1 ml de suspensión bacteriana; agitar y dejar en el baño de agua un contacto de 10 minutos.

Posteriormente se siembra sobre placa de TSA (agar triptona soja), 0,1 ml de esa suspensión en ensayo, directamente y diluida a 10^2, incubando a 35/37°C durante 48 hs.

El control inicial se realiza con 1 ml de agua destilada en lugar del desinfectante. De la experiencia se deduce EI.

Si el desinfectante se inactiva completamente, EI = 1; en cambio, el inactivador se considera ineficaz si EI < 0,8, quiere decir que el desinfectante en presencia del inactivador puede producir aún una mortandad mayor del 35%.

Otra técnica que puede utilizarse para el estudio de sustancias neutralizantes, es mediante el método de tiras de papel de filtro, empleado en el estudio de sinergismo y antagonismo de dos compuestos.

El microorganismo se siembra sobre agar nutritivo en placas de Petri, colocándose en la superficie una tira de papel de filtro (aprox. 65 x 6 mm), sumergida previamente en la solución de desinfectante, y una segunda tira en forma cruzada, en ángulo recto, que fue sumergida en la solución de neutralizante en estudio (el exceso de líquidos de las tiras se elimina colocando las mismas sobre otro papel absorbente). Se efectúa al mismo tiempo un control, Figura A, con una tira embebida en desinfectante y una tira embebida en agua. Si existe neutralización se observará un bloqueo de actividad, según se observa en la Figura B.

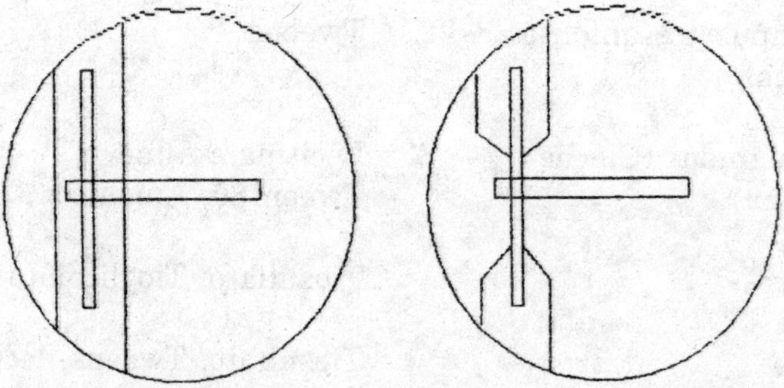

Fig. A: Control   Fig. B: Neutralización

Algunos ejemplos de desinfectantes y sustancias inactivantes son los siguientes:

Desinfectantes	**Inactivantes**
Aldehídos: formaldehído, glutaraldehído	Sol. amoníaco, bisulfito, fluido tiogliconato, gelatina, proteínas, aminoácidos
Fenoles, cresoles y xilenoles	Dilución, Tweens, catiónicos, anfólitos
Peróxido de Hidrógeno	Catalasa

Desinfectantes	Inactivantes
Alcoholes	Dilución: Tweens
Acidos orgánicos	Dilución: Tweens
Compuestos Cuaternarios	Lecitina, Tweens, Tritón X100, Caldo Letheen (lecitina + tween), Aniónicos
Compuestos anfólitos (Tego)	Tweens
Biguánidos (Clerhexidina)	Lecitina de huevo, Tween 80, Aniónicos
Cloro	Tiosulfato, Tioglicolato
Iodo	Tiosulfato, Tweens, leche descremada, sulfito sódico
Glicoles	Dilución: Tweens

El empleo de tiosulfato de sodio como inactivante debe hacerse con precaución, ya que puede inhibir el desarrollo de algunos microorganismos, tal como el S. aureus.

Es de interés señalar las experiencias de Reybrouck que llevó a cabo con diversos desinfectantes, inactivadores y mezclas de inactivadores actuando sobre las especies Staphilococcus aureus y Pseudomonas aeruginosa.

Las mismas fueron realizadas con concentraciones estipuladas de desinfectantes, hecho que debe tenerse en cuenta cuando se altera significativamente esta composición en la elección cualicuantitativa del inactivador: Cuadros I y II.

CUADRO I

Desinfectante	Inactivadores Cysteina 0,1 %	 Lecitina 0,3 %	 Tween 80 2%
Clorhexidina 0,1 %	-	+	+
Cetrimida 0,1 %	-	+	+
Benzalconio Cl 0,1 %	-	+	+
Benzentonio Cl 0,1%	-	+	+
Iodóforo 0,1 %	+	+	+
Cloramina T 0,1%	-	-	-
Fenol 5 %	-	+	+
o-fenilfenol 0,5 %	-	+	+
Mercurio Cl 0,005 %	+	-	-

	Sulfito sódico 0,1 %	Triglicol. sódico 0,5 %	Tiosulfato sódico 0,5 %
Clorhexidina 0,1 %	-	-	-
Cetrimida 0,1 %	+	-	-
Benzalconio Cl 0,1 %	+	-	-
Benzentonio Cl 0,1 %	+	-	-
Iodóforo 0,1 %	+	+	+

	Sulfito sódico 0.1 %	Triglicol. sódico 0.3 %	Tiosulfato sódico 2%
Cloramina T 1%	-	+	[+]
Fenol 5 %	[+]	-	-
o-fenilfenol 0,5 %	-	-	-
Mercurio Cl 0,005 %	+	+	+

Sobre los mismos desinfectantes y concentraciones respectivas se han ensayado también, mezclas de sustancias inactivadoras, cuyos resultados se observan en el cuadro.

CUADRO II

Desinfectante	**Mezcla de Inactivadores**						
	A	**B**	**C**	**D**	**E**	**F**	**G**
Clorhexidina 0,1 %	+	+	+	+	+	[+]	[+]
Cetrimida 0,1 %	+	+	+	+	+	+	+
Benzalconio Cl 0,1 %	+	+	+	+	+	+	+
Benzentonio Cl 0,1 %	+	+	+	+	+	+	+
Iodóforo 0,1 %	+	+	+	+	+	+	+
Cloramina T 1%	+	-	-	-	-	-	+
Fenol 5 %	+	+	[+]	+	[+]	[+]	+
o-fenilfenol 0,5 %	+	+	+	+	+	+	+
Mercurio Cl 0,005 %	+	+	-	[+]	-	[+]	+

Referencias:

+ = Inactivación del desinfectante en los dos grupos de bacterias.

[+] = Inactivación del desinfectante con S. aureus y no con P. aeruginosa

– = No inactiva al desinfectante en las concentraciones del ensayo.

A = Lecitina 2% + Tween 80 2% + Tiosulfato de sodio 0,5%

B = Tween 80 3% + Saponina 3%

C = Lecitina 0,3% + Tween 80 3% + Lauriletosulfato de sodio 0,4%

D = Lecitina 4% + Lubrol W 4%

E = Lecitina 2% + Lubrol W 3%

F = Lecitina 0,3% + Tween 80 3% + Histidina 0,1%

G = Lecitina 0,3% + Tween 80 3% + Histidina 0,1% + Tiosulfarto sódico 0,5%

Pero además de estas sustancias inactivantes, existen otras, prácticamente integrantes de compuestos orgánicos, tales como sueros, plasma, yema de huevo, etc (adecuadamente esterilizados), que pueden utilizarse como buenos antagonistas.

Aun el mismo caldo de cultivo que se utiliza para la recuperación de los microorganismos puede neutralizar al desinfectante, si éste se halla en baja concentración, tal como ocurre con los compuestos halogenados.

Otras mezclas inhibidoras de desinfectantes con buenos resultados pueden ser: yema de huevo 5% + Tween 80 3%, que parece ser mejor que el Lubrol W; también puede utilizarse yema de huevo 5% + Tween 80 3% + anilina 0,5%, que da buenos resultados con desinfectantes aldehídos y de amonio cuaternario.

Pero debe dejarse asentado que antes de utilizar cualquier sustancia o mezcla es necesario efectuar la determinación de la eficiencia, en la forma ya descripta, pues algunos de estos compuestos pueden ser incompatibles con la vida del microorganismo del ensayo.

REFERENCIAS BIBLIOGRÁFICAS

ENSAYOS DE DESINFECTANTES E INACTIVACIÓN

AFNOR.
Norme Francaise
T. 72-150-151. 1974.

Association of Official Agricultural Chemists
(AOAC). 1975-1980. 12th and 13th Ed. Washington D. C.

Bergan T., Lystad A.
Evaluation of disinfectant inactivators
Acta Pathol. Microbiol. Scand. B80,507-510. 1972.

Cerf O.
Tailing of survival curves of bacterial spores
Jor. Appl. Bacteriol. 42:1-19:1977.

Cook A. M.
Comparative studios of methods of evaluations of antibac. substance.
Jour. Pharm. and Pharmac. 6:629-648;1954.

Cremieux A.
Méthodes par dilution-neutralization evaluation et critique.
Rev. d'l Inst. Past. Lyon, 11:433-444:1978.

CREMIEUX A.,FLEURETTE J.
Methods of testing disinfectants, in Disinfection, Sterilization and Preservation.
S. S. Block; Lea & Febiger 3era. Ed. 1983.

CREMIEUX A., GUIRAUD-DAURIAC H., BONNAVEIRO N., BENDJELLOUL D.
Inhibition de l'activité bactéricide des antiseptiques en présence de detergents non ioniques.
Jour. Pharm. Belg. 37:258-261:1982.

CREMIEUX A., GUIRAUD-DAURIAC., DUMENIL G.
Neutralisation des antiseptiques

DONY J., DEVLEESCHOUWER M. J.
Disinfectant evaluation. Preliminary laboratory in vitro test
Jour. Pharm. Belg. 33:120-125:1978.

JOLY B., CHANAL M, CLUZEL R.,
AFNOR. Méthode par filtration sur membrane, evaluation et critique
Rev. D'Linst. APst. Lyon. 11:425-432:1978.

KELSEY J. C., SYKES G.
A new test for the assessment of disinfectant with particular reference to their use in hospitals.
Pharm. J. 202:607-609:1969.

REYBROUCK G.
A theorical approach of disinfectants testing.
Zbl. Backt. Hyg. I. Abt Orig. B. 160:343-367:1975.

REYBROUCK G.
Evaluation of the efficacy of disinfectants and antiseptics products intended for surface disinfection.
J. Pharm. Belg. 36:375-379:1981.

REYBROUCK G.
Efficacy of inactivators against 14 disinfectant substances.
Zbl. Backt. Hyg. I. Abt Orig. B. 168:480-492:1979.

Reybrouck G.
Bactericidal activity of 40 potential disinfectant inactivators.
Zbl. Backt. Hyg. I. Abt Orig. B. 167:528-534:1978.

Santini G. F., Crovatto M., De Paoli P., Borsatti A. Battistin M., Cammarota A., Manicardi G. C.
Determinaziones della MIC di alguni disinfettanti di largo impiego nell'ambiente ospedaliero.
Boll. Chim. Farm. 121:190-211:1982.

APÉNDICE I

A continuación se señala una lista de elementos con sus correspondientes alternativas de procedimientos para su desinfección, (indicadas con un guión); la eficacia de los mismos fue comprobada.

Por lo general, se ha dado preferencia a métodos de fácil acceso; asimismo, la desinfección de cualquier otro elemento que no se halla en la lista, se realizará con las pautas de otro similar a él que figura en la misma.

A

AFEITAR

-El cabezal de una máquina eléctrica se desmonta y se trata con alcohol isopropílico solo o conteniendo el 5% de solución povidona 10%.

-Las navajas, de igual forma, o sumergiendo durante 15 minutos en una sol. de glutaraldehído 2% con nitrito de sodio 0,2%.

AGUA DE CONSUMO -

Solución de hipoclorito de sodio conteniendo de 1 a 1,5 ppm de cloro (para agua de pozos no tratadas); se consigue con una gota de lavandina concentrada (60 gr/L) por cada 2 litros de agua.

-También puede utilizarse clorógeno sólido con las concentraciones equivalentes (ver monografía). En ambos casos dejar actuar entre 15 y 30 min.

-Solución povidona 10%, 10 gotas por litro.

-Tintura de iodo débil (2%) 4 a 5 gotas/L.

Tintura de iodo fuerte (7%) 2 a 3 gotas/L.

-Solución de lugol 5% 2 gotas/L.

Todas dejar actuar de 10 a 15 min.

-Solución de amonio cuaternario, con concentración final entre 50 y 100 ppm (10 gotas de

un compuesto al 10% /L de agua), dejar un contacto de 10 a 15 min.
Solución de ácido peracético 40%, 2 gotas/L, contacto de 5 a 10 min.
Para prevención de cólera solamente, 2 a 3 cucharadas de jugo de limón en 1 L. de agua, dejar un contacto de 30 min.
Nota: en todos los casos las gotas se refieren a un volumen real de 0,05 ml, tomadas con pipeta graduada; algunos goteros plásticos miden esa cantidad pero en una gran mayoría de frascos goteros la cantidad es de un 30% más por cada gota, de manera que se añadirá un poco menos con estos elementos.
Si bien cuando nos referimos a gotas se trata de 0,05 ml, esto es para soluciones acuosas; para soluciones hidroalcohólicas (de 50°) cada gota mide 0,022 ml; soluciones alcohólicas cercanas a 95° la gota mide 0,020 ml aprox.

AGUA DE TANQUE

El agua almacenada en un tanque puede desinfectarse añadiendo 20 ml (2 cucharadas) de lavandina concentrada cada 1000 litros de capacidad.

AIRE

En un ambiente no estéril, no hospitalario, puede hacerse con un pulverizador plástico vaporizando ya sea:
-26 ug de hexilresorcinol en 500 mg de propilenglicol/m^3, o esta última sustancia sola en esa concentración.
-Aerosoles conteniendo derivados fenólicos tal como o-fenil-fenol.

-Formol como en la esterilización de ambientes.

AIRE ACOND. EQUIPO

Renovación de filtros y lavado periódico con 250 ppm de cloro (ver monografía).

ALFOMBRAS

Limpiar con aspiradora.

-Frotar con alcohol de 80° formolado al 1% o glutaraldehído 1%

ALIMENTOS VEGETALES CRUDOS

Lavado adecuado y sumergirlos en agua clorada no inferior a 50/60 ppm de cloro (1 cucharadita en 5 L o 20 gotas por L), dejar un contacto de 15 min., enjuagar (en caso de epidemias, puede duplicarse la dosis).

-Solución de ácido peracético 40%, diluido al 1%, colocar los vegetales en la solución con un contacto de 10 min. Enjuagar.

-Para profilaxis de cólera, luego del lavado pueden sumergirse en soluciones ácidas, ya sea jugo de limón o de vinagre, por lo menos en concentración del 25 y 50% respectivamente, y con un contacto de 30 min.

AMBIENTES

La desinfección profunda se puede llevar a cabo con la solución de formol y a temperatura elevada para incrementar la penetración. Se utiliza 5 g de formaldehído por m^3, durante 4 hs (o la mitad en un tiempo doble como mínino); con una humedad ambiente adecuada (80 % aprox.); en 100 m^3 debería haber el vapor de 3 L. de agua aproximadamente. La temperatura elevada se consigue calentando al contenedor de formol con 10 ml de alcohol por m^3. En total, por m^3 debe haber: 15 ml de formol más 30 ml de agua, calentado con 10 ml de alcohol. Un ambiente de 50 m^3 requerirá: 750 ml de formol; 1500 ml de agua y 500 ml de alcohol. Al finalizar el tiempo de desinfección, se neutralizan los vapores amoníaco en proporción de 10 ml/m^3, y también con ese mismo volumen de alcohol. Posteriormente se abre la habitación y se ventila.

Otro procedimiento que se puede utilizar pero sin calentar, aprovecha la reacción exotérmica que se produce entre el formaldehído y ciertas sustancias, entre ellas:

a) Permanganato de potasio: En una habitación o cámara se colocan 20 ml de formol con 8 gr de permanganato de potasio finamente pulverizado por m^3 de capacidad, y se deja actuar un tiempo similar al descrito.
b) Peróxido de bario: en la habitación se coloca un recipiente conteniendo, por m^3, una mezcla de aután 39 gr (ver apéndice II) con 23 ml de agua. Se deja actuar unas 7 hs.

La liberación del formaldehído o del amoníaco, sobre todo en el primer caso, puede hacerse desde el exterior de la habitación que se va a desinfectar. La puerta y ventanas del ambiente se sellan con tela adhesiva o cinta engomada, con excepción de una pequeña abertura u ojo de la cerradura por donde se introducirá un tubo que estará conectado a la fuente emisora externa, pudiendo ser ésta un pequeño autoclave u olla a presión. De esta forma los vapores se liberarán por el extremo del tubo que se halla dentro de la habitación.

B

BALDES

Ver recipientes de desperdicio.

BASURA

Incinerar si es posible o impregnar con solución de creolina 2,5% o agua de cresol. Dejar un contacto de 2 hs y tirar.

BIBERONES

Preferentemente hervirlos en el agua. Previamente lavados, llenarlos con cualquier clorógeno que permita una liberación de 250 ppm de cloro, dejar un contacto no inferior a 15 minutos y enjuagar adecuadamente.

BOTELLAS

Similar a biberones.

C

CAMILLA (partes de metal y madera)

Frotar con un paño embebido en cresol o p-cl-m-xilenol (soluciones jabonosas) diluidas o con lisoformo.

CAMIONES ATMOSFÉRICOS

Solamente para problema de cólera, acidificar su contenido a un pH de 2 aprox. con 5 a 10 L de ácido clorhídrico (muriático) por cada 10.000 L de residuos (controlar pH).

CATÉTERES, SONDAS, ENDOSCOPIOS, MÁSCARAS (Elementos médicos no metálicos)

Luego de lavados, colocarlos en cualquiera de las siguientes soluciones:
-Solución de formol 20%
-Solución de glutaraldehído al 2% (alcalino)
-Solución de iodopovidona 10% diluida al 50% de agua o al 25% en alcohol de 70°.
Dejar en contacto de 30 min. en todos los casos y enjuagar.

CEPILLO, PEINES

-Lavarlos con jabón y colocarlos en una solución acuosa de formol al 1% durante 2 horas.

CHATAS, ORINALES

Luego de su lavado, puede tratarse con:
-Solución de povidona 10%, diluida 1 cucharada en 1000.
-Solución de un derivado fenólico, como el para-cloro-meta-xilenol al 0,2% (compuesto éste que se expende en soluciones ya codificadas) o comercial (ver apéndice II).

COLCHONES, ALMOHADAS

En hospitales deben protegerse con coberturas plásticas. Desinfectar con sol. de detergente aniónico (detergente común biodegradable) con el añadido del 2% de sol. jabonosa de p-cl-m-xilenol (2 cucharadas/litro de detergente).
Si se requiere una desinfección más profunda, se cuelgan sobre un soporte o soga en una habitación que se cierre herméticamente y se procede como se describe en desinfección de ambiente por formol.

COLUMNAS DEIONIZADORAS O INTERCAMBIADORAS

Dejar pasar una solución de formol al 12% (aprox. 5% de formaldehído), mantener un contacto prudencial (30 min. a 1 hora) y enjuagar hasta desaparición de formol a la reacción de ácido cromotrópico (ver monografía).

CRISTALES ÓPTICOS (Lentes, etc.)

Colocar en solución acuosa de cloruro de benzalconio 1/1000, o solución acuosa de povidona 10% diluida al 5%. Dejar actuar de 15 a 30 minutos.

CUERO - GOMA Objetos de:

Frotar con un paño embebido en solución jabonosa de p-cl-m-xilenol diluida al 3% (ver apéndice II). Frotar con un paño embebido en solución hidroalcohólica (aa) de formol al 1% (las superficies externas e internas).

E

ESTERCOLEROS

Con lechada de cal o con solución de cloruro de cal, o con solución de hipoclorito de calcio (caporita).

EXCRECIONES Y SECRECIONES DESECADAS EN EL SUELO

Lavar con solución jabonosa de p-cl-m-xilenol diluida al 3% o solución de cresol jabonoso (farmacopea) diluida al 10%.

F

FLOREROS

Lavarlos con agua caliente y detergente aniónico común con el añadido de 1 cucharada de vinagre blanco por litro. Enjuagar y secar antes de guardarlos.

G

GUANTES DE GOMA

Lavarlos con solución detergente o jabón y luego sumergirlos en solución de clorhexidina 0,5%.

-También pueden sumergirse en solución de iodopovidona 10%, diluida al 10%. En ambos casos se deja un contacto de 30 min.

-Una acción más enérgica se logra colocando los guantes lavados y secos en portaguantes colocados en una pequeña cabina donde se los somete a la acción del formaldehído, según se describe en formolización de ambiente (método sin calentar).

H

HABITACIÓN DE ENFERMOS (muebles, camas, etc.)

Frotar con paño embebido de formalina eucaliptada (ver apéndice II).

HIELO

Se desinfecta el agua con que se prepara el mismo, añadiendo 5 ppm de cloro a la misma, (dos gotas de lavandina concentrada 60 gr/L); congelar.

I

INCUBADORAS (de bebés)

Tratarlas con una esponja o algodón embebido en solución de un detergente aniónico común, enjuagar y pasar un paño embebido en una solución de lavandina (1 cucharadita de lavandina concentrada en 1 L de agua) 250 ppm de cloro; o clorógeno sólido en concentración equivalente (ver texto).

INODOROS

Pueden tratarse con:
-Solución de creolina o fluidos fenólicos al 5%.
-Solución de Bitionol 4 g por cada 10 L de agua (derivado bifenólico similar a lo que se usa en toilettes de aviones, con añadido de un colorante azul).
-Solución de povidona 10%, 1 cucharada en 1 L. de agua.
-Solución de hipoclorito de sodio o clorógeno con 500 a 1000 ppm de cloro, por lo menos.
-Los asientos se limpian con detergente aniónico más un 2% de sol. jabonosa de p-cl-m-xilenol (2 cucharadas/L de detergente).

INSTRUMENTAL MEDICO (metálicos)

Sumergirlos en solución alcohólica de 70°, conteniendo el 20% de formol más un 3% de Laurilsulfato sódico.
-Sumergirlos en sol. alcohólica de 50° de glutaraldehído 1%.
-Sumergirlos en sol. alcohólica de 70° conteniendo el 5% de solución de povidona 10%. También puede hacerse con el 2% de tintura de iodo débil. A todas puede añadirse un antioxidante (ver apéndice II). Aun

cuando la desinfección se produce en menor tiempo, para una mayor profundidad de la misma, dejar en todos los casos un contacto de 2 hs, y enjuagar los instrumentos con agua esterilizada. (Se recordará que los elementos deberán estar limpios previamente).

INSTRUMENTAL MÉDICO (no metálicos)

Ver catéteres

J

JAULAS

Lavarlas con detergente y luego sumergirlas o pasarle una solución de lavandina con 600 ppm de cloro (1 cucharada de lavandina concentrada en el agua).

JUGUETES (mordillos, etc.)

-Frotarlos con paño embebido en alcohol a 70°.
-Frotarlos con paño embebido en una solución de formol al 1%.
-Frotarlos con un paño embebido en una solución hidroalcohólica (aa) de 5% de Povidona al 10%.
En estos últimos dos casos dejar actuar de 15 a 30 min. y enjuagar con agua.

L

LAVATORIOS

Desinfectar a través de la limpieza, mediante fregado con polvos detergentes y cepillo.

LIBROS

Colocarlos en una pequeña cabina, de manera de que queden colgados hacia abajo con las páginas entreabiertas. Distribuir en el piso de la misma pastillas de Trioximetileno (formalina) unas 10 /m^3, cerrar herméticamente y dejar de 5 a 6 horas.

LICUADORAS (vasos plásticos)

Llenar las mismas con solución de lavandina (1 cucharadita de concentrada en 1 L.), luego de haberse lavado, mantener un contacto de 1 hora y enjuagar.

LÍQUIDOS CLOACALES

Con cal en forma de lechada (25% OCa), asegurándose un pH de por lo menos 12. Dejar un contacto no inferior a 2 horas.

Para ello, a cada volumen de líquido cloacal añadir un volumen igual de cal apagada (1 parte de OCa en 1/2 parte de agua, según se señaló en la monografía correspondiente).

También con creolina de manera de llevar a una concentración aproximada de 3 a 5% con el líquido a desinfectar.

Otro procedimiento es con lavandina concentrada diluida al 10% (preferentemente con el mismo líquido cloacal), pues en caso contrario debería utilizarse un volumen grande de lavandina, para que su acción sea efectiva.

M

MADERAS

Frotar con agua de cresol diluida o solución de p-cl-m-xilenol o lisoformo.

MANOS

-Con lavado tipo quirúrgico, es decir, con jabón o cepillo durante por lo menos 5 minutos, frotándose adecuadamente y con las manos mojadas durante el enjuague añadir sobre las mismas una cantidad de alcohol de 95°, dejando actuar 1 minuto; o una solución de iodopovidona diluida al 1% en etanol.

-Enjabonarse las manos durante 2 minutos con jabón líquido constituido por un compuesto desinfectante, ya sea: amonio cuaternario, iodopovidona 10% o de p-cl-m-xilenol. Enjuagarse.

-Proceder en forma similar con un compuesto formado por clorhexidina-cetrimida (ver apéndice II).

MATERIAL DE CURACIÓN (algodón, vendas, etc.)

Deberán colocarse cuando han sido utilizados, en una bolsa plástica o recipiente, al cual se le añadió previamente una solución de cresol o parametaxilenol, los elementos acumulados en la bolsa posteriormente se incineran.

MESADAS

Lavarlas y pasar con un trapo embebido en un compuesto de amonio cuaternario (cloruro de benzalconio) diluido al 2/1000, o cloruro de bencetonio.

MESADAS DE LABORATORIO

Frotar con un trapo embebido en una solución hidroalcohólica (aa) al 5% de povidona 10%. Mantener húmeda durante unos 15 minutos.

P

PELUCHES

Humedecer con solución hidroalcohólica (aa) de formol al 2,5%, o glutaraldehído 1%, cepillar y aerear hasta evaporación total.

PIEL

-Con solución de iodo al 1% en alcohol de 70°
-Solución de povidona diluida al 10%
-Solución de clorhexidina al 0.5% en etanol de 70°.

PIELES

Pulverizarlas con una solución de formol al 1% cepillándolas simultáneamente. Colgarlas para secar al sol.

PILETA DE NATACIÓN

Sin estar en funcionamiento, se debe clorinar con solución de hipoclorito de sodio o cualquier clorógeno, en una concentración de 10 ppm de cloro para desinfectar (por cada 50.000 L: 5 L de Hipoclorito sódico (100 g/L u 8 L de lavandina concentrada 60 g/L)).

En funcionamiento debe asegurarse que siempre se encuentre de 0,6 a 1 ppm de cloro libre residual.
Para evitar el desarrollo de algas en piletas al aire libre puede agregarse 2 ppm de sulfato de cobre (100 gr de esa sustancia por cada 50.000 litros).

PISOS

-Lavar con solución de lavandina concentrada diluida al 5/1000 (1 cucharadita en 1 litro) que equivale a unas 300 ppm de cloro. Puede utilizarse el equivalente proveniente de un clorógeno sólido.
-Con solución jabonosa de p-cl-m-xilenol (ver apéndice II) diluida al 3% (3 cucharadas en 1 litro).

POZOS DE AGUA SUBTERRÁNEA

Se deberá conocer el volumen de agua del pozo, mediante la fórmula $\pi r^2 h = m^3$; donde h = altura de la capa de agua; r = radio de la parte más ancha del pozo. Para un pozo de 1000 litros puede añadirse 8,5 litros de sol. de hipoclorito sódico (100 g/L).
Para ello , se retira el cabezal de la bomba y se echa la solución desinfectante entre los caños de succión y camisa.
Se vuelve a armar la bomba y se hace funcionar hasta que salga agua con olor a cloro. Se cierra el grifo y se deja actuar el desinfectante hasta el día siguiente. Luego se bombea hasta que el agua salga sin olor ni sabor a cloro. Retirar muestra y mandar a analizar.

R

REJILLA DE DESAGÜE

Verter soda cáustica o hidróxido de sodio al 5%.

RETRETES DE CAMPAÑA, TRANSPORTES, ETC

Los mismos se llenan hasta la mitad con soda cáustica al 16% (pueden durar 6 meses).

ROPA DE CAMA

- Lavar con agua caliente 70/80°C con 50 ppm de cloro activo (1 cucharadita de lavandina concentrada en 5 L. de agua) o su equivalente con un clorógeno sólido.
- Lavar con un detergente aniónico común con el añadido de 1 a 2 cucharadas de vinagre blanco o 1/2 a 1 cucharada de jugo de limón por litro de solución detergente. Este procedimiento da un compuesto muy activo en la desinfección.

RUEDAS (de carros y sillas)

Frotar con un paño embebido en solución de lavandina concentrada diluida 10/1000 (600 ppm de cloro) o su equivalente con clorógeno sólido.

Frotar con un paño embebido en solución jabonosa de p-cl-m-xilenol diluida al 3%.

S

SALIVADERAS

Tratarlas con solución de creolina al 5% o solución jabonosa de p-cl-m-xilenol al 3%. En caso de recoger esputos, en las salivaderas se coloca previamente una cantidad de cualquiera de esas sustancias de manera de cubrir un poco más que el fondo.

SONDAS

Ver catéteres

T

TANQUES O SILOS

Ver formolización de ambientes, método sin calentar.

TANQUE DE AGUA

Vigilar que el tanque se encuentre con tapa:

a) Se vacía dejando una pequeña cantidad que permita su lavado con cepillo, rasqueta y detergente biodegradable (poca cantidad). Se vacía totalmente y se enjuaga varias veces. (Evitar que los residuos pasen por la cañería de distribución).
b) Llenar el tanque hasta la mitad y añadir 2 litros de lavandina concentrada (60 g/L) por cada 1000 litros. Se termina por llenar permitiendo de ésta forma una mezcla adecuada. Se deja un contacto no inferior a 3-4 hs.
c) Se vacía el tanque para eliminar el agua

clorada, por todos los grifos de la red, facilitándose la desinfección de la misma.

d) Se vuelve a llenar para ponerlo en servicio.

TAPICERÍAS

Pulverizarlas con solución hidroalcohólica de formol al 1% o gluraraldehído 1%.

TERMÓMETROS CLÍNICOS

Sumergirlos en: alcohol de 70° (etanol o isopropílico).
Con clorhexidina 0,015% + cetrimida 0,15%.
Con solución de povidona 10%, diluir 2 cucharadas en 100 ml de agua (20%).
En todos los casos dejar un tiempo de contacto no inferior a 15 minutos.

TIJERAS

Ver instrumental.

TRANSPORTES (Avión, trenes, automotores)

Ver formolización de ambientes. Pulverizar una solución con un derivado fenólico (o-fenilfenol o p-cl-m-xilenol).

APÉNDICE II

DESINFESTACIÓN

CONTROL DE PLAGAS

La presencia de plagas: insectos y roedores en distintos ámbitos industriales, asistenciales, institucionales o domésticos, constituye un serio problema por el papel de VECTORES de agentes infecciosos que desempeñan, transmitiendo por diversos mecanismos, microorganismos capaces de producir infecciones y parasitosis diversas, así como intoxicaciones alimentarias.

La destrucción de todos esos vectores y reservorios constituye la desinfestación.

El incorrecto tratamiento de restos de comida, ropa sucia, basura y desperdicios, conjuntamente con un bajo standard de limpieza, facilitan la aparición de plagas y producen un importante descenso en el nivel de higiene y seguridad. Además, aumenta el trabajo del personal de limpieza, destruye su incentivo y actúa negativamente desde el punto de vista psicológico.

Desde el punto de vista epidemiológico, las diversas plagas pueden actuar como vectores por los siguientes mecanismos:

- Contaminación mecánica a través de la superficie corporal del vector.
- Contaminación por excrementos.
- Contaminación por picaduras o mordeduras.

Los elementos que pueden contaminar son:

- Agua, alimentos, materias primas, medicamentos, equipos biomédicos estériles, material quirúrgico, etc.
- Superficies de áreas críticas o semicríticas.
- Piel, heridas, mucosas, etc.

Además, las plagas producen molestias, olores desagradables, reacciones alérgicas y ectoparasitosis de gravedad variable.

PLAGAS URBANAS MÁS FRECUENTES

INSECTOS

CUCARACHAS

Las tres especies más frecuentes: Blatta orientalis, Blatella germánica y Periplaneta americana, pertenecen al Orden de los Dictiópteros, caracterizado por no poner sus huevos individualmente, sino dentro de una cubierta endurecida y quitinosa llamada **ooteca**, de suma importancia en la diseminación del insecto en los distintos ambientes.

Prefieren los lugares calurosos y húmedos, tiene hábitos nocturnos y son omnívoras. Sus hábitos alimenticios las hace frecuentar los lugares más insalubres: cloacas, depósitos de basura y desperdicios, desde donde llevan agentes toxo-infecciosos a los alimentos presentes en cocinas, comedores, etc. Asimismo pueden contaminar superficies de áreas críticas o semicríticas.

Entre las infecciones que pueden vehiculizar podemos mencionar como más importante el **cólera, la fiebre tifoidea y paratifoidea, disenterías amibiana y bacilar, infecciones y parasitosis diversas y agentes de intoxicaciones alimentarias.**

MOSCAS

Insectos pertenecientes al Orden de los Dípteros, la mosca común: Musca doméstica, es la que más frecuentemente se encuentra. Es un insecto de hábitos diurnos, metamorfosis completa y un solo par de alas desarrolladas. Puede transmitir prácticamente las mismas afecciones que las cucarachas por regurgitación de su aparato bucal chupador o a través de sus tegumentos y patas peludas y adherentes.

MOSQUITOS

Son los insectos capaces de transmitir las más graves enfermedades. Felizmente las especies más peligrosas han sido prácticamente erradicadas de muestro medio: Aedes aegypti, transmisor de la fiebre amarilla y del dengue; y Anopheles pseudopuctipenis, A. albitarsis y A. darlingi, transmisores del paludismo. Lamentablemente estos últimos aún suelen persistir en forma endémica o esporádica en el N.O. y N.E. del país.

La especie Culex pipiens, produce molestas picaduras nocturnas por todos conocidas y prolifera en los lugares donde existen vegetación y aguas estancadas. Producen reacciones alérgicas por rascado de las pápulas.

VINCHUCA

Vector de la enfermedad de Chagas, posiblemente el mayor problema sanitario de nuestro país. Es un insecto fornido y hematófago: Triatoma infestans, perteneciente al Orden de los Hemípteros. De hábitos nocturnos, puede albergarse en huecos, hendiduras, grietas de techos y paredes, etc.

PULGAS

Pequeños insectos hematófagos y saltarines. Pertenecen al Orden de los Sifonápteros, de metamorfosis completa. Tienen como huéspedes al hombre, perro , gatos, rata, etc., aunque la especificidad del ectoparasitismo sólo es imprescindible a los efectos reproductivos.

La especie más peligrosa es Xenopsilla cheopis, la pulga de la rata, vector de la peste negra y del tifus murino.

La pulga del hombre, Pulex irritans, sólo produce molestas picaduras y reacciones cutáneas. Las del perro y las del gato: Ctenocephalis canis y C. felis, pueden transmitir la tenia del perro (Dipylidium caninum e Himenolepis nana).

PIOJOS

Insectos ectoparásitos del Orden de los Sifunculados. La especie Pediculus humanus, piojo del cuerpo, más que el P. capitis, de la cabeza, tiene importante papel como vector del tifus epidémico, como así también de la fiebre recurrente y de la fiebre de las trincheras.

CHINCHES

Insectos sin alas, hematófagos, de hábitos nocturnos, pertenecen al Orden de los Hemípteros. La chinche común de las camas: Cimex lectularius, sólo produce molestas picaduras y reacciones cutáneas.

HORMIGAS

Bajo esa denominación se designa una gran variedad de especies de insectos pertenecientes al Orden de los Himenópteros. Algunas producen molestas picaduras y reacciones cutáneas, y con frecuencia pueden producir infecciones diversas, principalmente por contaminación de material estéril almacenado en hospitales y laboratorios, cuyas envolturas pueden atravesar.

ÁCARO DE LA SARNA

El Sarcoptes scabiei es el causante por sí mismo de la enfermedad de la piel denominada sarna o escabiosis. La penetración se advierte como pápulas o vesículas o surcos lineales diminutos que contienen los ácaros y sus huevos. Produce intenso prurito y puede transmitirse por contacto cutáneo o a través de ropa interior o de cama contaminadas.

ROEDORES

Pertenecen a la familia Muridae, dentro del Ordem Rodentia, caracterizado por poseer un solo par de incisivos en cada mandíbula y carecer de caninos.

Las especies más significativas son tres: **Rattus norvegicus**, rata noruega o rata parda; **Rattus rattus**, rata negra o rata de los tejados y **Mus musculus**, ratón o laucha.

Son animales de hábitos nocturnos, omnívoros y sumamente prolíficos. Sus sentidos, a excepción de la visión, son excelentes y poseen el equilibrio y la agilidad necesarios para llegar a los lugares de más difícil acceso.

Los indicios que delatan su presencia son: excrementos, roeduras, huellas de sus zarpas y su cola, sendas grasosas marcadas por el contacto de su pelambre con superficies verticales, madrigueras, etc.

Pueden transmitir importantes y numerosas enfermedades infecciosas y parasitarias: salmonelosis, leptospirosis, triquinosis, tifus murino, peste, rickettsiosi, toxoplasmosis, listeriosis, rabia, etc.

Transmiten estas enfermedades por contaminación de alimentos con sus deyecciones, por picaduras de sus ectoparásitos o por mordedura.

El control de las plagas urbanas en general, requiere medidas de **saneamiento** ambiental, **limpieza y mantenimiento**. Estas implican el correcto tratamiento de los residuos y desechos, las tareas del orden, limpieza y desinfección de todas las áreas, en especial aquellas donde se almacenan o consumen alimentos o sustancias que pueden servirles de tales.

Los trabajos de mantenimiento edilicio, permiten eliminar los lugares que puedan servirles de albergue y facilitar la proliferación de las plagas: grietas y hendiduras, aguas estancadas, depósitos abandonados, etc. En el caso de los roedores, es de suma importancia impedir mediante todos los recursos posibles, la entrada de los mismos al área a desratizar: reparación de orificios y aberturas, reposición de vidrios de ventanas, colocación de rejillas en desagües, protectores en cableados, poda de árboles, etc.

La inspección permanente, sobretodo en horarios nocturnos, es otra importante medida que permite la detección precoz de las plagas.

Las tareas de saneamiento, si bien son fundamentales para controlar las plagas, la mayoría de las veces no resultan suficientes, requiriéndose el uso de **plaguicidas:** insecticidas y rodenticidas los cuales tienen como contracara el **riesgo toxicológico** que su uso implica.

INSECTICIDAS

Se utilizan para combatir los insectos y también en la etapa previa de la desratización para evitar la propagación de enfermedades por los ectoparásitos de las ratas.

Los insecticidas en uso en nuestro medio pertenecen mayoritariamente a tres familias químicas principales: Organo-fosforados, Carbamatos y Piretroides sintéticos.

Los insecticidas **Organo-clorados**, a excepción del Lindano, han sido prohibidos por las autoridades sanitarias, ej: DDT, HCH, Clordano, Aldrin, Dieldrin, Endrin, Heptacloro, etc.

Son moléculas muy estables y persisten largamente en el medio con el riesgo toxicológico consecuente: efecto sobre el sistema nervioso, acumulación en tejidos grasos e incluso efectos mutagénicos y cancerígenos. Por esas razones fueron incluidos en la "docena sucia", por Pan International, red de organizaciones ambientalistas, uno de cuyos principales objetivos es poner fin al mal uso y abuso de los plaguicidas.

Los insecticidas **Organo-fosforados**, son ésteres del ácido fosfórico, tiofosfórico y ditiofosfórico, con radicales de diversa naturaleza: **alifáticos**: Mercaptotion, Diclorvos, Triclorfon; **fenólicos**: Paratión, Fenitrotión o **heterocíclicos**: Clorpirifos, Diazinón, etc.

Son insecticidas de amplio espectro, no persistentes, que actúan inhibiendo la enzima **acetil-colinesterasa**. Su acción residual oscila entre cuatro o cinco semanas según el medio de aplicación.

La toxicidad de los Organo-fosforados varía entre valores extremos. Por ejemplo, el Paratión tiene una DL50 oral en rata de 13 y 3,6 mg/Kg para ejemplares macho y hembra respectivamente; mientras que en el Mercaptotión los valores correspondientes son 1375 y 1000 mg/Kg.

Algunos Organo-fosforados han sido incluidos en la "docena sucia" debido a su alta toxicidad: Paratión, Etil y Metil Paratión. Otros son considerados por Pan International, como pesticidas de alto riesgo: el Diazinón, porque puede contener sulfofeno como contaminante químico de alta toxicidad y el Dimetoato por su probable acción mutagénica.

Los insecticidas del grupo de los **Carbamatos,** son ésteres del ácido carbánico, por ejemplo, Propoxur, Carbaril, Bendiocarb, etc. Tienen características generales semejantes a los insecticidas Organo-fosforados.

Los **Piretroides** son ésteres sintetizados tomando como modelo la estructura química de las piretrinas naturales.

Actúan como insecticidas por efecto sobre el tejido nervioso y sus principales características son: baja toxicidad para el hombre y los mamíferos, efecto de volteo y aceptable poder residual (estables a la luz y al calor). Además poseen poder **expelente,** es decir, capacidad para movilizar a los insectos de sus guaridas. Ejemplos de este grupo son Alletrina, Permetrina, Cipermetrina, Deltametrina, Resmetrina, Tetrametrina, etc.

La mayoría de los insecticidas sintéticos contaminan el ambiente, son tóxicos y desarrollan cepas resistentes. Las **Hormonas** e **Inhibidores del crecimiento** de los insectos, y los compuestos miméticos de esa acción parecen no tener esos inconvenientes. Por ejemplo: la **Hormona juvenil**, que actúa perpetuando la fase juvenil (larvaria) de los insectos; la **Ecdisona**, que regula el proceso de muda o ecdisis, esencial para el crecimiento o compuestos como el **Diflubenzurón** que inhibe los procesos normales de formación de la cutícula del insecto.

Han sido llamados "insecticidas de tercera generación" y poseen un potencial considerable debido a su selectividad y falta de toxicidad para con los organismos que no son sus objetivos.

Los insecticidas pueden usarse en diferentes presentaciones:

Grado Técnico: para aplicar sin diluyentes por pulverización por el método de "ultra bajo volumen". No se usa en el medio urbano.

Polvos Secos: el principio activo es mezclado con polvos inertes: talco, caolín, tierra de diatomeas, etc, finamente pulverizados. Se aplican por espolvoreo y se adhieren a las patas y tegumentos de los insectos. Su ventaja es el poder residual de esta presentación, y la posibilidad de aplicarla sin riesgos en lugares donde hay conexiones eléctricas.

Polvos mojables: a la presentación anterior, se adiciona un tensioactivo que posibilita la suspensión del producto en agua. Resultan útiles para aplicar sobre superficies muy absorbentes.

Concentrados floables: sos suspensiones muy finas y estabilizadas de polvos que pueden diluirse con agua y aplicarse por rociado.

Soluciones: los principios insecticidas están disueltos en solventes orgánicos (xitol, querosene, gasoil, etc). Pueden aplicarse por rociado o termofumigación.

Concentrados emulsionables: son soluciones a las cuales se agregó un emulsionante que emulsiona el producto al ser diluido con agua. Puede usarse por rociado o aspersión.

Aerosoles: soluciones en envases presurizados con un propelente.

Fumigantes: Producen gas (ej. Fosfamida) o vapor (ej. Bromuro de metilo), queman o calientan mezclas o sistemas que vaporizan el insecticida (ej. mezclas fumígenas, espirales, tabletas termoevaporantes, etc.).

Microcapsulados: de liberación controlada.

MÉTODOS Y PROCEDIMIENTOS DE APLICACIÓN

Para minimizar el riesgo toxicológico no solo es importante la elección del principio activo y su concentración, sino también el tipo de formulación y su modo de aplicación.

Deben evitarse en general formulaciones que contengan elevada concentración de solventes aromáticos y preferirse aquellas de base acuosa. Tampoco deben usarse métodos de aplicación altamente diseminantes y contaminantes del ambiente, como por ejemplo las termofumigaciones, espolvoreos, etc, sobre todo en áreas críticas. Las técnicas de aplicación menos peligrosas en ese aspecto son la de **aspersión localizada** y el **tratamiento de grietas y hendiduras** por inyección del insecticida.

Estos últimos procedimientos son los adecuados para el control de la cucaracha y la vinchuca, aplicándolos en los lugares en que suelen guarecerse dichos insectos: grietas, intersticios, zócalos, techos, paredes, muebles y trastos, bisagras, desagües, etc.

En caso de insectos voladores, para minimizar la contaminación conviene tratar por aspersión las superficies donde suelen posarse para el descanso nocturno (moscas) o diurno (mosquitos), ej.: puertas, ventanas, cielorrasos, paredes, etc.

RODENTICIDAS

Los rodenticidas de uso urbano están formulados con un principio activo, adicionado a un alimento adecuado (cebo) y colorantes, atractantes, conservadores, etc.

Los rodenticidas de **acción rápida** (producen la muerte antes de las 24 hs de ingestión) suelen utilizarse como ataque inicial en lugares con muy alta infestación y con el procedimiento de pre-cebado. Este tipo de productos tiene el inconveniente de su mayor toxicidad para el hombre y los animales domésticos. Además generan **recelo** en la colonia de roedores que pronto deja de comer los cebos, a quienes asocian con la mortalidad inicial. La mayoría de los rodenticidas de acción rápida han sido prohibidos por las autoridades sanitarias para ser utilizados en medios urbanos.

Los rodenticidas de **acción crónica** son sin duda recomendables por ser menos peligrosos desde el punto de vista toxicológico. Son sustancias anticoagulantes que matan a los roedores por hemorragias internas y externas, sin dolor, pánico ni recelo en un plazo aproximado de una semana.

Son fácilmente aceptados, económicos y estables, y además cuentan con un antídoto eficaz: la vitamina K.

Los anticoagulantes pueden derivar químicamente de la hidroxicumarina o de la indandiona, siendo los principios activos más utilizados Warfarina, Cumaclor, Cumatetralil, Prolina, Fumarina, Difenacum, Brodifacum, Bromadiolona, Pival, Difacinona, Clorofacinona, etc.

Las presentaciones más usuales son cebos **listos a usar**, cosntituidos por granos de cereales impregnados con el anticoagulante y convenientemente coloreados. También pueden usarse **bloques parafínicos** para aplicar en zonas anegadas; **agua envenenada** con anticoagulantes solubles o en suspensión o **polvos de contacto** queman azufre produciendo dióxido de azufre, gas rodenticida. Sólo son útiles para aplicar en espacios de pequeño volumen: madrigueras excavadas, túneles, etc., ubicados en ambientes exteriores y libres de riesgo de incendio.

Los co**ncentrados de anticoagulantes** pueden utilizarse para impregnar alimentos frescos, más apetecidos que los secos, pero su uso está restringido a aplicadores profesionales habilitados por el riesgo toxicológico que implican.

Cuando quiera descartarse totalmente el riesgo toxicológico, pueden utilizarse **métodos de atrape y pegamento**. Estos métodos físicos, además, eliminan el problema de la eliminación de los animales muertos por métodos químicos.

A tal fin se pueden usar trampas de distinto tipo:

Guillotina: se utilizan con cebo en el disparador, producen una muerte violenta y pueden generar recelo.

Jaula o caja de encierro: atrapan al animal intacto. Utiles para estudiar ectoparásitos, hacer investigaciones, etc.

Pegamentosas: contienen sustancias adherentes que inmovilizan al roedor sobre placas de material diverso. El polvo las inactiva.

Los distintos tipos de trampas deben colocarse en número elevado en el sendero que suelen transitar los roedores, disimuladas con bolsas, cajas u otros elementos.

Se colocan al fin del día y revisan a la mañana siguiente, reemplazando los cebos.

Debe asegurarse el buen funcionamiento de las mismas eliminando la suciedad y la herrumbre. El olor humano no produce recelo en el medio urbano.

En el uso de plaguicidas, deben seguirse elementales normas de seguridad con relación a la persona que los aplica, a los habitantes del área tratada y también en el almacenamiento y transporte de los productos y el destino de los envases vacíos.

Todo plaguicida debe estar identificado y rotulado. Deben respetarse las instrucciones y precauciones en él consignadas, por ejemplo; no aplicar sobre los alimentos; no beber, comer ni fumar durante su manipuleo; no ingerir ni inhalar; lavarse las manos y partes del cuerpo expuestas al producto con agua y jabón; colocar el producto fuera del alcance de los niños y animales domésticos; tratar de destruir el envase luego del uso, etc.

La Organización Mundial de la Salud clasifica toxicológicamente a los plaguicidas en base a los valores de la Dosis Letal 50 en rata, oral y dérmica y al estado físico del principio activo considerado.

D.L. 50 EN RATA
MG/KG

CLASE TOXICOL.	ORAL Sol.	Liq.	DERMICA Sol.	Liq.	SIMBOLO
IB.EXTREMA DAMENTE TOXICO. PELIGRO VENENO	0-5	0-20	0-10	0-40	CALAVERA
IB.MUY TO- XICO.PELI- GRO.VENENO	6-50	21-200	1-100	41-400	CALAVERA
II.MODERA- DAMENTE TOXICO. VENENO	1-500	201-200	101-1000	401-4000	CRUZ DE S. ANDRES
III.LEVE- MENTE TO- XICO.CUI- DADO	>500	>2000	>1000	>4000	——

Para conocer aproximadamente la clasificación toxicológica de una formulación plaguicida, no contando con datos experimentales, puede aplicarse la expresión siguiente:

$$\text{D.L.50 del Producto} = \frac{\text{DL50 del Principio activo x 100}}{\text{\% del Principio activo}}$$

Cuando el producto contiene más de un principio activo, la expresión se transforma en:

$$\text{D.L.50 del Producto} = \frac{100}{\dfrac{Ca}{Ta} + \dfrac{Cb}{Tb} + \dfrac{Cz}{Tz}}$$

donde **Ca; Cb** y **Cz** son las concentraciones porcentuales del principio activo **a, b** y **z** respectivamente.
Ta; Tb y **Tz** son los valores de la D.L.50 del principio activo **a, b** y **z**, respectivamente.

REFERENCIAS BIBLIOGRÁFICAS

SERVICE TECHNICIAN'S MANUAL.
National Pest Control Association. 1976.

METCALF Y FLINT.
Insectos destructivos e insectos útiles.
Cía Editorial Continental S.A. 1976.

R. CREMLYN.
Plaguicidas modernos.
Editorial Limusal. 1986. México.

THE PESTICIDE MANUAL.
The British Protection Council. 7ma. Ed. 1983.

The W.H.O. recommended Classification of Pesticides by Hazard and Guidelines to Classification. 1988-89. (WHO/VBC/88.953).

Chemical Methods for the Control of Arthropod Vectors and Pest of Public Health Importance.
W.H.O./ VBC 82.841.

ING. AGR. RICARDO GODOY ALIVERTI.
Toxicología Clínica de Plaguicidas Agrícolas.
I.N.T.A. 6ta. Ed. 1986.

APÉNDICE III

Formulaciones de compuestos utilizados en la desinfección. Algunas de ellas son de farmacopeas, las mismas representan compuestos clásicos, efectivos, accesibles y económicos para zonas distantes, sobre todo en emergencias.

Solución jabonosa de cresol (Fpea.Arg.)

Cresol	150	ml
Aceite de Lino	18	gr
Hidróxido de potasio	4,2	gr
Agua Dest. c.s.p.	100	ml

Con la mitad del agua se constituye el jabón de potasio a B.M., luego se agrega el cresol y se completa a volumen.

Solución jabonosa de formol (Tipo lisoformo).

Jabón de potasio	60	partes
Agua	20	"
Formol	20	"

También puede hacerse con

Solución de

Laurilsulfatosódico al 30%	2 gr
Agua Destilada	78 ml
Formol	20 ml

Solución jabonosa de cloroxilenol (Fpea. Arg.)

p-cl-m-xilenol	5	gr
Alcohol	20	ml
Terpineol	10	ml
Aceite de ricino	6,5	ml
Hidróxido de potasio	1,36	gr
Acido oleico	0,75	gr
Agua Destilada c.s.p.	100	ml

Solución de Lugol (Fpea.Arg.)

Iodo	5 gr
Ioduro de potasio	10 gr
Agua Destilada c.s.p.	100 ml

Tintura de iodo (Fpea. Arg.)

	Débil	Fuerte
Iodo	2 gr	7 gr
Ioduro de potasio	2,4 gr	5 gr
Agua Destilada c.s.p.	100 ml	5 ml
Etanol 95°	50 ml	c.s.p. 100 ml

Solución de formalina eucaliptada (Hager)

Formol	50 ml	12,5 ml
Tintura de eucalipto		12,5 ml
Alcohol de 80° c.s.p.		100 ml

A los jabones de potasio o sintético puede añadírseles cualquiera de los siguientes compuestos:

Timol	1 %
Fenol	3 %
Azufre	15 %
Alcanfor	2 %
Ac. salicílico	5 %

disolviendo los elementos insolubles en un poco de etanol, o suspendiéndolos en el mismo jabón. Como resultado se obtendrá un producto activo en la limpieza y desinfección.

LECHADA DE CAL:

A cada parte de cal viva, se añade lentamente media parte de agua, se deja apagar, y se diluye al doble de su volumen con agua (contenido final de OCa, 20%). Se prepara extemporáneamente pues se carbonata fácilmente.

CLORURO DE CAL:

(Es una combinación de hipoclorito de calcio, cloruro de calcio e hidróxido de calcio).
El polvo, es higroscópico y se lo utiliza en solución

al 5%, triturando el mismo en un mortero con un poco de agua, separar por decantación lo solubilizado y continuar agregando agua para disolver lo restante, se continúa así hasta completar la disolución. Se lleva a volumen y se utiliza

AUTÁN:

Pastillas de formalina	11,35 gr
Peróxido de bario	27,65 gr

Se mezcla íntimamente en un mortero (cantidad suficiente para 1 m^3)

Técnicas y reactivos para monitorear en los procesos de desinfección la presencia de agentes químicos, como ser: formaldehído y cloro.

Formaldehído: Reacción del ácido cromotrópico:

En un baño hirviente, se coloca durante 15 minutos, 1 ml de muestra más 5 ml de Reactivo: según la concentración de aldehído dará color púrpura ligero o profundo. Comparar con solución patrón.

Reactivos: sol. estándar: 1-8-dihidroxinaftaleno, 3-6-disulfónico, 500 mg.

Ácido sulfúrico (150 ml de concentrado más 100 ml de agua) 100 ml (color pajizo brillante)

Cloro libre y total: En el comercio se expenden reactivos ya preparados para det4rminar en forma rápida y sencilla cloro libre y total por medio de la reacción de DPD, a fin de controlar estos elementos en los procesos de desinfección.

No obstante su metodología y reactivos pueden prepararse según la British Standard (BS 6058-1986).

Cloro libre: A una muestra de 100 ml, se añade 5 ml de buffer mas 5 ml de Reactivo.

Se titula con solución de sulfato férrico-amónico hasta que de incoloro.

Cloro total: Antes de la titulación se añaden los mismos reactivos pero con un exceso de ioduro de potasio (0,1 ml de la solución); luego de 2 minutos se procede a titular en la misma forma.

La diferencia de las dos titulaciones dará el cloro combinado.

Reactivos: Buffer: Fosfato disódico 24 g; Fosfato monopotásico 46 g; Agua (100 ml+ 80 mg EDTA disódico).

Completar a 1 L y añadir conservador (20 mg Cl_2Hg).

N-N-dietil 1-4-fenilendiamino (DPD), sulfato, 1,5 g en agua destilada con 8 ml de ácido sulfúrico 1/4 más 200 mg EDTA disódico, completar a 1 L con agua dest.

Sulfato ferroso amoniacal con 6 H—2—O, 1.106 g disolver con 1 ml de ácido sulfúrico al 1/4, completar a 1 litro con agua dest. (posee 1 mes de duración).

Solución de ioduro de potasio: 500 mg en 100 ml de agua destilada.

Referencias: Standard Methods for the exam. of water and waste water 16 Th Ed. APHA.

AGUA DURA ARTIFICIAL

Solución A) Cloruro de magnesio g 31,74
Cloruro de calcio g 73,99
Agua destilada c.s.p. 1 L

Solución B) Bicarbonato de sodio g 56,03
Agua destilada c.s.p. 1 L
(esterilizar por filtración)

Agua dura 400 ppm como carbonato de calcio: 4 ml de sol. A) + 4 ml de sol. B), agitar y llevar a un volumen final de 1 L (apr. 7,6)

AGUA OXIGENADA

Valoración (Farmacopea Arg. VI Ed.)

Diluir 2 ml de agua oxigenada con 20 ml de agua destilada (si está concentrada al 30% diluir al 2 % y utilizar 10 ml); añadir 10 ml de ácido sulfúrico diluido)sol. al 10% P/V del ácido concentrado); valorar con solución 0,1 N de permanganato de potasio (g 1,58 %). Cada ml de esta solución equivale a 1,70 mg de peróxido de hidrógeno

Principios activos desinfectantes mencionados en este libro, y que se hallan representados en diversos productos comerciales existentes en el país.

Princ. activo	*Producto*	*Laboratorio*
Anfólito	TEGO	Inmuno
Aniónico-ácido	DIVIDEND PER-VAD	Diversey-Corp
Amonio cuatern.		
Benzalconio	POINT-CHIMIQUE	Bacon S.A.I.C.
Lapirium	DG6 Craveri S.A.I.C.	
Clorógenos sólidos		
cloraminas	ANTIBAC B	
	STERI-CHLOR	Diversey-Corp
líquidos		
Hipoclorito sódico	LAVANDINA conc. Ayudín	
	LAVANDINA conc. Ala	
Clorhexidina	HIBISCRUB	Ici-Farma
Detergente Aniónico	CAMELLO	Ciabasa S.A.
Fenoles-líquidos	FLUIDO MANCHESTER	Feit u Olivari S.A.
Glutareldehído	GLUTARSIDA	Bacon S.A.I.C.
	GLUTARAL	Butyl
Iodopovidona		
sol. y sol. jab.	PERVINOX	Phoenix S.A.I.C.F.
sol.	ASEPTOGLAV	Northia S.A.
sol. y sol. jab.	IODINA COMPLEX 5	Butyl
sol. y sol. jab.	FARM-IODO	Bajer F.S.A. Aulo Gello Arg. S.R.L.
O-Fenil-Fenol	POETT	Ciabasa S.A.
P-Cl-M-Xilenol		
sol. y jabón	ESPADOL	Brassovora S.A.
sol.	ESCUDO-EWE	Ewe S.A.
sol. jabonosa	ENHANCE	S.C. Johnson Sons S.A.I.C.

Principios activos desinsectizantes de baja toxicidad sobre todo, piretroides, mencionados en este libro y que se hallan representados en diversos productos comerciales existentes en el país.

Princ. activo	*Producto*	*Laboratorio*
Alletrina	Fuyi, espirales	O. Rigamonti
	Baygon, tabletas	Bayer Argentina
	Raid, espirales	S. C. Johnson Sons
	Raid, tabletas	S. C. Johnson Sons
Decametrina	Nopucid, aerosol	Sintyal
Deltametrina	K-Othrina floable	Roussel-Uclaf
Permetrina	Nopucid 10	Sintyal
	Repemas	Temis-Lostaló
Tetrametina	Raid	S. C. Johnson Sons
Trans-alletrina	Limpacid, solución	Felipe Bajer

ÍNDICE ALFABÉTICO

ÍNDICE GENERAL

Esta edición
se terminó de imprimir en
RIPARI S.A.
General J. G. Lemos 248, Buenos Aires
en el mes de abril de 1995